I0068901

PRÉFECTURE DU DÉPARTEMENT DE LA SEINE

PARIS
IMPRIMERIE CENTRALE
A. CHAIX
RUE BERGÈRE, 20, PRÈS DU BOULEVARD

1874

INSTRUCTION

CONCERNANT LA

VOIRIE URBAINE

PRÉFECTURE DU DÉPARTEMENT DE LA SEINE.

INSTRUCTION

CONCERNANT LA

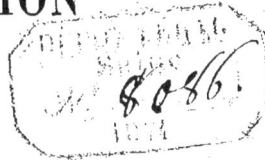

VOIRIE URBAINE

PARIS

IMPRIMERIE CENTRALE DES CHEMINS DE FER

A. CHAIX ET Cie

RUE BERGÈRE, 20, PRÈS DU BOULEVARD MONTMARTRE.

1874

PRÉFECTURE DU DÉPARTEMENT DE LA SEINE

Administration préfectorale. — 3ᵉ Section. — 2ᵉ Bureau.

(ROUTES ET CHEMINS)

Paris, le 31 mars 1862.

Monsieur le Sous-Préfet, je me suis aperçu que, dans plusieurs localités, les autorisations de construire le long des voies publiques ne sont pas toujours données avec toute la célérité désirable : si les communes n'ont pas de plans d'alignement homologués par l'autorité compétente, les Maires sont souvent indécis sur ce qu'ils doivent faire ; quelques-uns doutent qu'ils puissent obliger les propriétaires riverains à reculer ou à avancer leurs constructions ; d'autres pensent qu'ils n'ont pas le droit de statuer avant d'en avoir référé au Conseil municipal.

D'un autre côté, la commission de voirie vicinale et communale instituée près de la Préfecture pour examiner les projets d'alignement soumis à mon approbation et me rendre compte de leur mérite, se plaint de ce que les plans sont rarement établis d'une manière uniforme, qu'ils manquent des indications nécessaires pour faire apprécier l'opportunité et la convenance des tracés proposés, et qu'ils laissent sur divers points une incertitude telle qu'il est difficile de juger si les modifications demandées dans les enquêtes sont susceptibles d'être admises.

Lorsque les plans sont arrêtés, les Maires ne tiennent pas assez la main à l'exécution des règlements qui défendent de faire aucuns travaux de nature à retarder la reprise d'alignement. Beaucoup semblent ignorer les pouvoirs qui leur sont conférés à ce sujet, et les servitudes dont sont frappés les terrains qui doivent servir à l'élargissement des rues, places, etc.

Enfin si, par suite de constructions nouvelles, un propriétaire délaisse du terrain à la voie publique, ou si c'est au contraire la commune qui en cède au riverain, il se passe ordinairement un temps considérable avant que l'indemnité due à l'un ou à l'autre puisse être payée. Il suffit qu'il n'y ait pas accord sur le prix pour que l'affaire reste sans solution.

En général, les questions relatives aux demandes en autorisation de bâtir, à la délivrance des permissions, à la confection des plans d'alignement, aux conséquences qui découlent tant de l'approbation que de l'exécution de ces plans, à la répression des contraventions, etc., sont presque partout perdues de vue ; il m'a donc paru utile de rappeler aux Maires les principes qui régissent cette partie importante de leurs attributions, afin d'éviter à l'avenir des lenteurs regrettables et des conflits qui nuisent autant aux intérêts privés qu'à ceux des communes. Ces principes sont résumés dans l'instruction ci-jointe, que je vous prie de transmettre aux Maires de votre arrondissement et à l'exécution de laquelle vous voudrez bien veiller, en ce qui vous concerne.

Recevez, Monsieur le Sous-Préfet, l'assurance de ma considération très-distinguée.

LE SÉNATEUR, PRÉFET,

Signé : G.-E. HAUSSMANN.

SOMMAIRE DES MATIÈRES TRAITÉES DANS L'INSTRUCTION.

OBSERVATION. — Les arrêts de la Cour de cassation cités dans l'instruction émanent généralement de la Chambre criminelle. Lorsqu'ils ont été rendus par d'autres Chambres, il en est fait mention.

INSTRUCTION

CONCERNANT LA VOIRIE URBAINE

---

§ 1er. — *Autorisation nécessaire pour bâtir ; — comment et par qui elle est donnée ; — réclamations en cas de refus ou de restrictions mises à son obtention ; — par qui elles sont jugées ; — réserve des droits des tiers ; — perception des droits de voirie.*

ARTICLE 1er. — L'édit du mois de décembre 1607 est la loi constitutive et fondamentale de la petite voirie en France. (*Cass., 13 juil. 1860, Barbey et Fardé.*)

ART. 2. — Or, par cet édit, Henri IV a défendu à tous ses sujets de construire, reconstruire ou réparer aucun édifice, mur ou clôture, sur ou joignant la voie publique, et d'établir aucun ouvrage en saillie sur la façade des maisons, sans en avoir demandé et obtenu la permission de l'autorité compétente.

ART. 3. — Ces prohibitions, qui ne concernaient d'abord que les villes, ont été sanctionnées et étendues à tous les bourgs et villages par la loi des 16-24 août 1790, ainsi que par l'art. 471 du Code pénal. (*Avis, Cons. d'État, 14 nov. et 10 déc. 1823, 10 août 1825 et 1er fév. 1826 ; Cass., 22 fév. 1839, Crépin.*)

ART. 4. — Elles sont obligatoires par elles-mêmes, sans qu'il soit besoin que les Maires aient rappelé les citoyens à leur observation par des arrêtés spéciaux. (*Cass. 9 fév. 1833, Courtet ; 3 juil. 1835, Rambaud ; 10 nov. 1836, Ve Chaumeron ; 23 janvier 1841, Ve Jeannin ; 9 août 1855, Thamoineau ; 26 août 1859, Causse et consorts.*)

ART. 5. — Elles conservent également toute leur autorité et toute leur force dans les communes qui ne sont pas encore pourvues de plans généraux ou partiels d'alignement. (*Cass., 8 janv. 1841, Lieutard et Romey ; 5 fév. 1844, Ch. réun., Corneille ; 14 fév. 1845, Maupérin-Tondeur ; 14 déc. 1846, Ch. réun. Michelini ; 19 mars 1858, Dussault ; 23 août 1860, Ve Martin.*)

ART. 6. — Mais si l'emplacement sur lequel on veut bâtir

ou si l'édifice que l'on désire réparer ne joint pas la voie publique actuelle, une autorisation n'est pas nécessaire, lors même que le terrain nu et celui que couvre la construction seraient destinés à être occupés, soit pour l'ouverture d'une voie publique nouvelle, soit pour le prolongement d'une voie publique ancienne. Tant qu'il n'a pas été exproprié pour de telles opérations, le détenteur ne doit éprouver aucune gêne dans l'exercice légal de son droit de propriété. (*Cass.*, *Ch. réun.*, 25 juil. 1829, *Chandesais*, et 24 nov. 1837, *Mallez* ; 17 mai 1838, *Coulin* ; 28 fév. 1846. *Baril* ; 6 juil. 1855, *Faure-Jublin* ; 4 juin 1858, *Montels et Bernard* ; 28 juin 1861, *Déhu* ; *Avis, Cons. d'Etat*, 1er fév. 1826.)

Art. **7.** — Il en est de même pour les bâtiments que l'ouverture d'une rue nouvelle a rendus riverains de cette rue et qui forment saillie sur son alignement. Les propriétaires n'en conservent pas moins tous les droits appartenant aux détenteurs des terrains qui ne joignent pas la voie publique actuelle; dès lors, ces bâtiments sont également affranchis de toutes les servitudes de voirie, tant que l'expropriation n'en a pas été prononcée. (*Avis, Cons. d'Etat*, 13 mars 1838, *ville de Tours*; *Cass.* 19 juil. 1861, *Lucotte.*)

Art. **8.** — Les riverains des rues ou passages qui ne sont pas encore classés au nombre des voies publiques communales ne sont pas tenus non plus de se pourvoir d'une autorisation pour y faire des constructions ; les principes qui régissent la voirie urbaine ne sont pas, en effet, applicables aux communications de cette nature. (*Cass.*, 13 mai 1854, *Bonamy* ; 27 juil. 1854, *Azeau.*)

Art. **9.** — Dans tous les autres cas, une autorisation est exigée même pour les ouvrages qui paraissent peu importants ou sans influence sur la durée des constructions, tels que l'agrandissement d'une baie, la construction d'un balcon, l'attache de persiennes ou de jalousies à une fenêtre, l'établissement d'une enseigne, la dépose et repose d'une borne, l'application d'un badigeon, la plantation d'une haie, etc. (*Cass.*, 24 août 1835, *Piscoret et Désaubes* ; 4 oct. 1839, *Piétri* ; 20 oct. 1841, *Hory* ; 12 fév. 1847, *Buisson* ; 13 nov. 1847, *Rouchon* ; 1er juil. 1848, *Portois* ; 29 mai 1852, *Génin* ; 11 fév. 1859, *Lacave.*)

Art. **10.** — Toutefois, elle n'est pas indispensable pour de simples travaux d'entretien, tels que la réparation de la toiture d'une maison. (*Cass.*, 15 oct. 1853, *Sarailliet.*)

Art. **11.** — Les constructions en retraite sont soumises aux mêmes servitudes que les constructions en saillie, puisque les unes ne nuisent pas moins que les autres à l'embellissement des rues, et que, en outre, elles sont préjudiciables au public sous le rapport de la propreté, de la salubrité et de la sûreté.

(*Cass. 26 sept. 1840, Lenoble; 12 fév. 1848, Calmels de Puntis; 5 nov. 1853, Goutant; 30 août 1855, Percin; 17 fév.
1860, Malga.*)

Art. **12.** — Ce serait d'ailleurs une erreur de croire que
les bâtiments situés sur l'alignement demeurent affranchis de
ces servitudes, et que l'on peut se passer d'une autorisation
pour y faire des travaux. (*Cass., 9 fév. 1853, Pascal; 7 sept.
1838, Milleville; Décis., Minist. Int., 21 déc. 1837, comm. de
Lesparre.*)

Art. **13.** — Enfin, lorsqu'un mur pignon, mis à découvert
par la démolition d'une maison qui était en saillie, se trouve
joindre la voie publique, qu'il soit de face ou latéral, il devient
aussi soumis aux servitudes ordinaires de voirie; on ne peut,
en conséquence, ni le reconstruire ni le réparer sans autorisation. (*Arrêt, Cons. d'Etat, 5 déc. 1834, Vᵉ Bertrand; 31 janv.
1861, Royer; Cass. 17 janv. 1840, Delalonde.*)

Art. **14.** — L'obligation d'une autorisation suivant les
formes administratives étant d'ordre public, un particulier
ne pourrait y suppléer par un jugement de la juridiction civile
qui, dans un intérêt privé, l'aurait condamné à élever, modifier ou réparer une construction sur ou joignant la voie publique. (*Cass., 16 juil. 1840, Ch. réun., Delalonde; 1ᵉʳ fév.
1845, Duclos.*)

Art. **15.** — Une autorisation est également nécessaire quand
même l'exécution des travaux serait la conséquence d'un traité
passé avec la commune, soit pour l'ouverture ou l'élargissement
d'une rue, soit pour la réparation d'un dommage résultant
d'un changement du niveau de la voie publique. (*Cass., 18
mai 1844, Bouchardy; 17 nov. 1853, Blondel.*)

Art. **16.** — Les demandes en autorisation de bâtir ou de
réparer sont signées par le propriétaire ou son fondé de pouvoir. Elles doivent être libellées sur papier timbré. (*Loi, 13
brum. an VII, art. 12.*)

Art. **17.** — Henri IV a compris, dans la généralité des
termes de la prohibition faite par son édit, non-seulement les
propriétaires riverains, mais encore tous les ouvriers et arti-
sans sans le concours desquels la contravention qu'elle tend à
prévenir ne pourrait être commise. (*Cass., 26 mars 1841,
Audusseau; 13 juil. 1860, Barbey et Fardé.*)

Art. **18.** — Un règlement municipal peut donc astreindre
les maçons, charpentiers, etc., qui se chargent de l'entreprise
des travaux, à en faire la déclaration à la mairie, surtout si
le propriétaire ne leur représente pas une permission régulière.
(*Cass., 31 août 1833, Dechelle et consorts; 10 avril 1841,
Perraudeau.*)

Art. **19.** — L'autorisation doit être donnée par le Maire ou son Adjoint, et, en cas d'empêchement, par le Conseiller municipal qui remplit provisoirement les fonctions de Maire.

Celle qui, ne fût-elle que provisoire, émanerait du voyer de la commune ou de toute autre personne non investie du droit de la délivrer serait nulle et de nul effet. (*Cass.*, *6 juil. 1837, Ch. réun., Giraud; 3 sept. 1846, Filippi; 28 mars 1856, Duboin.*)

Art. **20.** — Un propriétaire ne serait donc pas en règle, parce que, après l'envoi de sa pétition, l'agent voyer communal serait venu tracer l'alignement sur lequel il lui aurait déclaré qu'il pouvait construire. (*Cass.*, *17 nov. 1831, Vingtrinier.*)

Art. **21.** — Le Préfet lui-même ne pourrait, sans empiéter sur les attributions municipales, permettre de bâtir ou de conserver un ouvrage en saillie dans une rue dépendant de la petite voirie. (*Arrêts, Cons. d'Etat, 4 mai 1826, Landrin; 28 nov. 1861, Liouville; Cass., 3 août 1837, Grossetête.*)

Art. **22.** — Les compétences étant d'ordre public, nul ne peut être admis à soutenir qu'il ignore les principes qui les régissent. Dès lors, le propriétaire qui aurait élevé des constructions sur une voie communale, en vertu d'une autorisation obtenue du Préfet, ne pourrait, s'il était obligé de les démolir, intenter une action en indemnité contre l'administration. (*Arrêt Cons. d'Etat, 4 mai 1826, Landrin.*)

Art. **23.** — Lorsque la maison qu'il s'agit d'édifier ou de réparer borde d'un côté une route et de l'autre une rue, l'autorisation délivrée par le Préfet pour la partie située sur la grande voirie ne dispense pas le propriétaire d'en demander une seconde au Maire pour la partie située sur la petite voirie. (*Cass.*, *25 août 1843, Plu; 17 fév. 1844, Mahieux.*)

Art. **24.** — Si le bâtiment est compris dans la zone des servitudes militaires, l'autorisation de l'officier du génie ne dispense pas non plus de celle du Maire. (*Cass.*, *15 avril 1858, Josse.*)

Art. **25.** — L'édit de 1607 veut que, après les ouvrages terminés, l'administration fasse vérifier si l'impétrant s'est exactement conformé à l'autorisation qu'il a reçue. Il est donc nécessaire que cette autorisation, qui constitue d'ailleurs un acte administratif destiné à produire des effets légaux, soit donnée par écrit, qu'elle ait une date certaine et qu'elle précède l'exécution des travaux. (*Cass.*, *4 août 1837, Gayette; 21 juil. 1838, Lucet; 12 août 1841, Audouard; 28 mars 1856, Duboin; 23 avril 1859, Benedetti; 5 juil. 1860, Testreau.*)

Art. **26.** — En conséquence, une autorisation qui ne peut

être représentée, telle qu'une autorisation verbale, n'a pas la moindre valeur; il est impossible, en effet, de constater s'il a été satisfait ou non à des prescriptions dont il n'existe aucune trace. (*Arrêt, Cons. d'Etat, 23 fév. 1839, Lasnier; Cass., 12 juil. 1849, Duchemin; 26 janv. 1856, Daget.*)

ART. **27.** — La forme des actes par lesquels les Maires doivent délivrer les permissions de voirie n'a été indiquée par aucun règlement. Celle d'un arrêté étant la plus commode, il convient de l'adopter.

ART. **28.** — Les arrêtés de cette nature n'ont pas besoin d'être soumis aux formalités exigées par l'article 11 de la loi du 18 juillet 1837 pour les arrêtés qui statuent d'une manière générale et permanente; ils sont immédiatement exécutoires. (*Cass., 5 août 1858, Defaye.*)

ART. **29.** — La copie destinée à l'impétrant doit être expédiée sur papier timbré. Si le Maire emploie à ce sujet des formules imprimées, il peut les faire viser pour timbre au bureau de l'enregistrement. (*Lois 13 brum., an VII, art. 12, et 15 mai 1818, art. 80; Décis., Min. Fin., 5 mai 1860.*)

ART. **30.** — L'administration n'est pas tenue de notifier les permissions de voirie qu'elle délivre. Il suffit qu'elle les envoie à l'impétrant ou que celui-ci les retire à la mairie. La notification serait d'ailleurs superflue, puisque celui qui veut construire ou réparer ne peut le faire qu'après s'être pourvu de l'autorisation sans laquelle il doit s'abstenir et dont, par conséquent, il ne peut prétexter cause d'ignorance. (*Cass., 6 juill. 1837, Ch. réun., Giraud; 8 juin 1844, Blanchet.*)

ART. **31.** — L'autorisation crée en faveur de celui qui l'a obtenue un droit qu'il peut exercer tant qu'elle n'a pas été modifiée ou rapportée par l'autorité supérieure. (*Cass., 6 février 1851, Riffay.*)

ART. **32.** — Toutefois, si, lorsque le Maire n'a pas fixé le délai pendant lequel elle était valable, l'impétrant laisse passer une année entière sans en faire usage, elle se trouve périmée de plein droit, suivant la règle contenue à ce sujet dans les lettres patentes du 22 octobre 1733, spéciales à la ville de Paris, et que leur utilité générale rend applicables à toutes les communes. (*Cass., 10 mars 1859, Bernardi; 22 juil. 1859, Divoux.*)

ART. **33.** — Mais lorsque les travaux ont été entrepris avant que l'année fût révolue, ils peuvent être continués au delà de son expiration sans une autorisation nouvelle, pourvu qu'ils n'aient pas été interrompus et qu'aucune limite de temps n'ait été prescrite dans l'arrêté pour leur exécution. (*Cass., 11 juil. 1857, Brune.*)

ART. **34.** — Le Maire n'a pas le droit d'imposer, comme

condition de l'exécution du travail qui fait l'objet de la demande, l'obligation d'en faire un autre qui n'a pas de rapport avec le premier. Il ne pourrait, par exemple, autoriser la réparation de la toiture ou de la façade d'une maison, à la condition de supprimer des gouttières saillantes ou des portes s'ouvrant en dehors ; de pareilles prescriptions doivent faire l'objet de mesures générales. (*Avis Cons. d'Etat, 2 février 1825, ville de Bordeaux.*)

ART. **35.** — Si le Maire répond par un refus ou si les restrictions dont il accompagne l'autorisation qu'il délivre ne satisfont pas l'impétrant, celui-ci peut se pourvoir devant le Préfet. Il s'adresserait à tort aux tribunaux pour faire décider que le refus n'est pas fondé ou que les conditions imposées sont illégales. Il lui est d'ailleurs expressément défendu de passer outre à l'exécution des travaux refusés. (*Loi, 14-22 déc. 1789, art. 60 ; Arrêt, Cons., d'Etat, 7 février 1834, Bonnefoy ; Cass., 26 sept. 1851, Vᵉ Mézaille.*)

ART. **36.** — Un tiers qui se croit lésé par l'autorisation donnée par le Maire peut également se pourvoir devant le Préfet. (*Arrêt Cons. d'Etat 10 août 1828, Anthéaume.*)

ART. **37.** — Les réclamants peuvent même exercer leur recours devant le Ministre de l'Intérieur contre la décision du Préfet ; mais ils ne pourraient lui déférer directement l'arrêté du Maire. (*Arrêt, Cons. d'Etat, 16 juin 1824, Versigny ; Décis. Min. Int., 13 sept. 1838, ville de Cusset.*)

ART. **38.** — Aucun délai n'est imposé par les lois et règlements sur la matière pour la présentation des pourvois. L'arrêté municipal ou préfectoral peut donc être réformé à quelque époque que ce soit ; mais tant qu'il subsiste il est obligatoire. (*Arrêt Cons. d'Etat, 14 juin 1836, Monmory ; Cass. 20 juin 1829, Bicheux.*)

ART. **39.** — Le Maire qui donne ou refuse une permission de voirie n'agit pas comme syndic de la communauté des habitants ou comme investi des seules fonctions propres au pouvoir municipal ; il prend une mesure de police par délégation et sous la surveillance de l'autorité administrative. (*Loi, 18 juil. 1837, art. 10, nº 1ᵉʳ ; Cass., 17 août 1837, Gazeau.*)

ART. **40.** — Simple agent subordonné en cette matière à ses supérieurs dans l'ordre hiérarchique, il ne peut donc être admis à critiquer leurs actes, ni, par conséquent, à se pourvoir personnellement contre l'arrêté du Préfet.

ART. **41.** — Mais, si cet arrêté paraît léser les intérêts de la commune, celle-ci peut, par l'organe du Maire, en demander la réformation au Ministre de l'Intérieur. (*Arrêt Cons., d'Etat, 25 janv. 1838, com. de Lesparre.*)

Art. **42.** — La décision par laquelle le Ministre de l'Intérieur confirme ou infirme l'arrêté préfectoral est un acte administratif non susceptible de recours au Conseil d'Etat par la voie contentieuse. (*Arrêts Cons. d'Etat, 7 avril 1824, Robert c. Avit-Gréliche; 5 décembre 1837, Bertrand-Menvielle.*)

Art. **43.** — Les Maires doivent statuer le plus promptement possible sur les demandes qui leur sont adressées; néanmoins, le retard qu'ils apporteraient à ce sujet n'autoriserait pas un propriétaire à commencer ses travaux avant d'en avoir reçu la permission, quand bien même il aurait mis le Maire en demeure de lui répondre dans un délai déterminé, attendu qu'il n'a pas le droit d'imposer une pareille obligation pour s'affranchir de l'observation d'une règle d'ordre public et qu'il peut toujours recourir à l'autorité administrative supérieure pour faire rendre la décision qu'il sollicite. (*Cass., 6 déc. 1834, Coicaud; 21 fév. 1845, Vᵉ Samson-Lepesqueur.*)

Art. **44.** — Le propriétaire qui prétendrait avoir éprouvé un dommage par suite du retard que l'administration aurait mis à répondre à sa demande, ne pourrait d'ailleurs porter sa réclamation devant l'autorité judiciaire. (*Arrêt Cons. d'Etat, 19 déc. 1838, Hédé.*)

Art. **45.** — Les autorisations de l'espèce sont essentiellement restrictives de leur nature; elles interdisent donc virtuellement l'exécution de tous travaux qui ne s'y trouvent pas compris en termes précis et formels. Ainsi, l'autorisation de gratter, blanchir et badigeonner n'emporte pas l'autorisation de recrépir. (*Cass., 19 nov. 1840, Flandrai et Ferrand; 21 mars 1846, Bouchard*).

Art. **46.** — Les Maires ont d'ailleurs le droit de statuer sur tous les cas de petite voirie sans l'intervention du conseil municipal. (*Lois, 14-22 déc. 1789, art. 50; 16-24 août 1790, titre XI, art. 3; 18 juil. 1837, art. 10 et 14; Cass., 6 avril 1837, Ch. des req., comm. de Decize c. Cartier.*)

Art. **47.** — Leurs autorisations n'étant données que sous le rapport de la police et de la voirie, ne dispensent pas les impétrants de se conformer aux lois et règlements qui soumettent à des servitudes spéciales les propriétés situées sur le bord des fleuves et rivières, autour des places de guerre, près des cimetières, dans le voisinage des forêts et le long des chemins de fer. (*Ordonn., août 1669, titre 28, art. 7; loi, 8-10 juil. 1791, titre Iᵉʳ, art. 30 et suivants; Décret, 7 mars 1808; Code forest., art. 151 et suivants; loi, 15 juil. 1845.*)

Art. **48.** — Le Maire n'a pas à se préoccuper de la question de savoir si le pétitionnaire est bien propriétaire du terrain sur lequel il se propose de bâtir; les permissions de voirie étant toujours données aux risques et périls de ceux qui les obtiennent et ne préjudiciant nullement aux droits des tiers. (*Arrêts Cons. d'Etat, 3 déc. 1853, Jourdain; 31 mai 1855, Favatier c. David.*)

Art. 49. — Il ne devrait donc pas surseoir à statuer sur la demande d'une autorisation jusque après le jugement par le tribunal compétent d'une contestation relative à la jouissance de ces droits. (*Cass., Ch. civ. 17 avril 1823, Dupuis c. la Comp. des Canaux.*)

Art. 50. — Après avoir délivré la permission d'élever ou de réparer une construction sur ou joignant la voie publique, le Maire dresse l'état des droits de voirie dus par l'impétrant, conformément au tarif en vigueur dans la commune. (*Loi, 18 juil. 1837, art. 31, n° 8.*)

Art. 51 — Cet état est remis au receveur municipal pour en opérer le recouvrement au profit de la commune, dans les formes déterminées par l'art. 63 de la loi du 18 juillet 1837. (*Avis Cons. d'Etat, 11 janv. 1848.*)

Art. 52. — Dès lors, si les poursuites sont nécessaires, l'état que le maire a arrêté doit être visé par le Sous-Préfet; cette formalité est exigée pour le rendre exécutoire.

Art. 53. — Le Conseil de Préfecture est incompétent pour statuer sur les réclamations auxquelles la perception de ces droits peut donner lieu. (*Arrêt, Cons. d'Etat, 26 août 1858, comm. de Philippeville c. Alby et Graumann.*)

Art. 54. — Ces réclamations sont jugées administrativement, c'est-à-dire par le Préfet, sauf recours au Ministre de l'Intérieur.

Art. 55. — Aucune distinction n'est d'ailleurs établie entre les bâtiments élevés par des particuliers et ceux affectés à des services publics, les droits sont dus aussi bien pour les uns que pour les autres. (*Avis, Cons. d'Etat, 11 janv. 1848.*)

Art. 56. — Cependant, comme ces mêmes droits sont, en quelque sorte, la rémunération des frais qu'occasionne la délivrance des alignements, les Maires ne sont pas autorisés à les réclamer pour des constructions élevées dans les rues ou passages qui sont restés des propriétés privées. (*Décis., Min. Int., 27 juil. 1861, comm. de Saint-Maur (Seine.) (1).*)

---

(1) Il n'y a pas lieu, non plus, de percevoir les droits de voirie sur les points du territoire de la commune où il n'y a pas d'habitations agglomérées. (Avis du Conseil d'Etat du 11 janvier 1848.)

§ 2. — *Ce qu'on entend par l'alignement; — par qui et comment il est délivré; — réclamations qu'il soulève; — devant qui elles sant portées.*

Art. **57.** — En donnant la permission d'élever une construction le long de la voie publique, le Maire indique l'alignement à suivre.

Art. **58.** — L'alignement, qu'il ne faut pas confondre avec le bornage ou la délimitation du domaine public communal, est la ligne sur laquelle doivent être établies les façades des constructions, de chaque côté des rues, places, etc., pour que ces voies obtiennent ou conservent la largeur et la direction que l'administration a jugé utile de leur assigner, en vue de la sûreté et de la facilité de la circulation, ainsi que de la salubrité publique et de l'embellissement des villes.

Art. **59.** — En conséquence, l'alignement peut être tracé en dedans comme en dehors de la ligne qui sépare la voie publique actuelle des propriétés riveraines. Il peut aussi se confondre avec cette ligne.

Art. **60.** — L'alignement intéressant particulièrement la sûreté et la commodité du passage, le pouvoir de le déterminer entre dans les attributions conférées exclusivement aux officiers municipaux, remplacés aujourd'hui par les Maires, et implique l'obligation de veiller à ce qu'on n'entreprenne, sur ou joignant la voie publique, aucune construction qui n'aurait pas été préalablement autorisée. (*Lois, 14-22 déc. 1789, art. 50; 16-24 août 1790, titre XI, art. 3; 19-22 juil. 1791, art. 29 et 46; Cass., 29 mars 1821, Vaquerie; 14 sept. 1827, Pignatel; 20 juin 1829, Bicheux; 5 août 1858, Defaye; Avis, Cons. d'Etat, 3 avril 1824.*)

Art. **61.** — L'exercice de ce pouvoir n'est nullement subordonné à l'existence de plans arrêtés par l'autorité compétente. En effet, lorsqu'elle a assujetti les Maires à délivrer les alignements d'après ces plans, la loi du 16 septembre 1807, loin de leur enlever le droit qu'ils tenaient de la législation antérieure, de statuer dans tous les cas, n'a fait que confirmer cette législation et lui donner une nouvelle force. (*Cass. Ch. civ. 21 déc. 1824, Rodières; 6 sept. 1828, Jullien; 21 nov. 1828, Huvelin; 18 juin 1831, Falque; 6 oct. 1832, Bézins; 20 juil. 1833, Bouzingen; 10 mai 1834, Ch. réun., Langlois; même jour, Ch. réun., Challine; 16 oct. 1835, Mathevet; 6 juil. 1837, Ch. réun., Giraud; 8 janv. 1841, Lieutard et Romey; 21 mai 1842, Perraud; 30 janv. 1847, Basfoy; 1er août 1856, Roubaud.*)

Art. **62.** — Un système contraire serait subversif de tout ordre, de toute amélioration dans l'intérieur des cités; il ne permettrait pas de faire jouir les habitants des avantages d'une bonne police et serait une violation manifeste des règles établies tant par l'ancien que par le nouveau droit public. (*Cass.*, *18 sept. 1828, Darolles.*)

ART. **63.** — Dès lors, quand il existe un plan d'alignement, le Maire est tenu de s'y conformer exactement. S'il s'en écartait, il commettrait un excès de pouvoir et pourrait être passible de dommages-intérêts envers le propriétaire obligé de démolir des constructions qui se trouveraient irrégulièrement établies. (*Loi 16 sept. 1807, art. 52 ; Déc., Min. Int., 1er août 1842, ville de Poitiers.*)

ART. **64.** — Mais, à défaut d'un plan dûment homologué, le Maire fixe, comme il l'entend, les alignements partiels qui lui sont demandés, en conciliant, autant que faire se peut, l'intérêt public avec l'intérêt particulier, et en prenant pour base de ses actes un ensemble d'alignements raisonné. (*Décret 27 juil. 1808 ; Arrêt Cons. d'Etat, 4 nov. 1836, Gaucher; Circul., Min. Int., 23 août 1841.*) (1)

ART. **65.** — Il peut donc obliger le riverain à placer sa nouvelle construction en arrière de l'ancienne. Il peut même lui donner la faculté de s'avancer sur la voie publique. (*Avis Cons. d'Etat, 10 déc. 1823 ; Ordon. roy., 19 juil. 1839, Maire de Brioude; Cass., 30 janv. 1836, Weissgerber; 8 janv. 1841, Lieutard et Romey.*)

ART. **66.** — En effet, le droit de fixer l'alignement implique nécessairement le droit de satisfaire, en le traçant, à toutes les exigences de l'intérêt local, quelles qu'en soient les conséquences; autrement il ne serait qu'illusoire. (*Cass., 30 janv. 1847, Basfoy.*)

ART. **67.** — A quelque degré d'instruction que soit un plan d'alignement, tant qu'il n'a pas été approuvé par l'autorité compétente, il n'est qu'un simple projet que le Maire, s'il lui trouve quelque imperfection, est libre de ne pas suivre en délivrant

---

(1) La jurisprudence établie par les articles 64 et suivants est complétement changée par les derniers arrêts : il a été jugé que si les Maires, chargés par la loi du 16 septembre 1807 de veiller à tout ce qui intéresse la sûreté et la facilité du passage dans les rues et places publiques de leurs communes, ont le droit de délivrer les alignements aux particuliers qui veulent élever des constructions le long et joignant lesdites rues et places, ces alignements ne peuvent avoir pour effet de procurer l'élargissement ni le rétrécissement de la voie publique en dehors d'un plan d'alignement régulièrement approuvé par l'autorité supérieure, soit pour l'ensemble des rues et places de la commune, soit pour une ou plusieurs de ces rues. (Conseil d'Etat, 5 avril 1862, aff. Lebrun.—Crim. cass., 11 avril 1862, même affaire. — Aucoc, conseiller d'Etat (*Revue critique*, août 1862).

un alignement partiel. (*Déc., Min. Int., 8 déc. 1837, Haut-Rhin.*)

Art. **68.** — Pour être valable, un alignement partiel n'a pas besoin de la sanction du Conseil municipal ; le Maire n'est donc pas tenu de le lui soumettre. (*Cass., Ch. des req., 6 avril 1837, comm. de Decize c. Cartier.*)

Art. **69.** — Le droit de délivrer un alignement partiel donne également au Maire celui de décider si, en l'absence d'un plan dûment homologué, une construction élevée sans autorisation se trouve mal plantée et doit être démolie. (*Cass., 20 mai 1859. Mouls et Fauvel ; 19 août 1859, Sauret.*)

Art. **70.** — Que l'alignement soit partiel ou qu'il procède d'un plan approuvé, le Maire, en le délivrant, doit indiquer clairement les points de repère nécessaires pour établir convenablement le mur de face et même prescrire à l'impétrant de se faire tracer sur place la direction de ce mur par l'agent voyer communal. Cette dernière opération ne donne lieu d'ailleurs à aucune rétribution. (*Avis, Cons. d'Etat, 14 nov. 1823.*)

Art. **71.** — Une obligation de cette nature, lorsqu'elle est insérée dans l'arrêté, est considérée comme une des conditions substantielles de l'autorisation ; en conséquence, le propriétaire qui n'y satisferait pas commettrait une contravention. (*Cass., 3 oct. 1834, Fourneaux.*)

Art. **72.** — Afin d'assurer encore mieux l'exécution de l'alignement, le Maire en fait faire le récolement par le même agent, lorsque les fondations ont atteint le niveau du rez-de-chaussée et que la première assise de retraite n'est pas encore posée.

Art. **73.** — Ce récolement, que le propriétaire est tenu de provoquer, doit aussi être effectué sans frais. (*Edit, mois de déc. 1607 art. 5.*)

Art. **74.** — L'agent qui y procède en dresse un procès-verbal. Une expédition en est remise au propriétaire, s'il en fait la demande, après avoir été visée par le Maire.

Art. **75.** — Lorsqu'il s'agit de former une clôture en haie vive, celle-ci doit être établie à 0^m,50 en arrière de l'alignement, afin qu'en se développant elle n'anticipe pas sur la largeur assignée à la voie publique. (*Code Nap., art. 671.*)

Art. **76**. — Le propriétaire qui veut bâtir le long d'un boulevard doit être prévenu que l'administration ne consentira à la suppression ou au déplacement d'aucun arbre pour faciliter l'accès d'une porte charretière, qu'autant que l'impossibilité de placer cette porte dans l'intervalle de deux arbres consécutifs lui serait démontrée.

Art. **77**. — Si la commune est une de celles où le décret sur la voirie de Paris a été rendu applicable, le pétitionnaire doit joindre à sa demande un plan et des coupes cotés de la construction qu'il projette, et se soumettre aux prescriptions qui lui seront faites dans l'intérêt de la sûreté publique et de la salubrité. (*Décret 26 mars 1852, art. 4.*)

Art. **78**. — Le Maire ne serait pas fondé à lui imposer un mode particulier de construction que l'un ou l'autre de ces deux intérêts ne réclamerait pas. (*Cass.*, *14 août 1830, Chavanne et consorts.*)

Art. **79**. — Il ne pourrait donc pas exiger que, dans des vues d'embellissement et de décoration, il construisît la façade de sa maison suivant une ordonnance d'architecture uniforme ou symétrique, à moins d'engagements pris à ce sujet envers l'administration communale, lors de l'acquisition du terrain sur lequel il est question de bâtir.

Dans ce dernier cas, l'inexécution des engagements contractés ne constituerait pas une contravention de voirie et ne pourrait donner lieu qu'à une action civile. (*Cass.*, *13 janv. 1844, Manigold ; 23 août 1844, Lefèvre-Testelin.*)

Art. **80**. — Les arrêtés d'alignement sont des actes administratifs, dont le mérite ne peut être apprécié que par l'administration elle-même ; les réclamations des tiers intéressés sont, en conséquence, jugées administrativement ; tout recours par la voie contentieuse ne serait pas recevable. (*Loi, 16 sept. 1807, art. 52 ; Décret, 27 juil. 1808, art. 2 ; Arrêts, Cons. d'Etat, 22 nov. 1829, Rousselot de Bienassis ; 4 mai 1830, Alaus ; 4 nov. 1836, Gaucher ; 29 déc. 1840, Vᵉ Hervé ; 13 avril 1850, Ryberolles c. Chauvassaigne ; Circul., Min. Int., 23 août 1841.*)

Art. **81**. — Le pouvoir de statuer sur ces réclamations a toujours été dévolu à l'autorité chargée de l'homologation des plans ; dès lors, il appartenait avant 1852 au Chef de l'Etat. Le Préfet en est investi depuis cette époque ; mais comme ses décisions sont toujours succeptibles d'être déférées au Ministre de l'Intérieur, il en résulte que c'est maintenant ce dernier qui prononce définitivement. (*Décret 25 mars 1852 ; Arrêt, Cons. d'Etat, 19 juil. 1855, Crouzet et Sansalva.*)

Art. **82**. — Ce même pouvoir est juridictionnel ; le Préfet ne pourrait donc pas le déléguer au Sous-Préfet. (*Cass.*, *5 août 1858, Defaye.*)

Art. **83**. — La décision par laquelle le Préfet annule, ou maintient un arrêté municipal portant délivrance d'un alignement, constitue un titre au profit du particulier qui l'a obtenue. Dès lors, elle ne peut être réformée que par l'autorité supérieure, c'est-à-dire par le Ministre de l'Intérieur. (*Décis., Min. Int., 5 déc. 1832, ville de Saint-Etienne.*)

Art. **84**. — Lorsqu'elle use de son droit de réformation, après que l'arrêté d'alignement a produit tous ses effets, l'administration ne peut rendre cet arrêté comme non avenu, et obliger le particulier qui l'a obtenu à démolir des constructions, qu'il aurait élevées en s'y conformant. (*Cass., 16 avril 1836, Laurey-Gautherin.*)

Art. **85**. — Aussi, quand les travaux sont déjà commencés ou, à plus forte raison, lorsqu'ils ont été terminés sans que le propriétaire ait reçu l'invitation de les suspendre, ce n'est que sous la réserve d'une indemnité, que le Préfet peut faire à l'alignement une modification qui entraîne leur démolition totale ou partielle. (*Arrêt, Cons. d'Etat, 14 juin 1836, Monmory; Circ., Minist. Int., 1er juil. 1840.*)

Art. **86**. — Si le règlement de cette indemnité ne peut avoir lieu à l'amiable, le montant en est fixé comme en matière d'expropriation pour cause d'utilité publique. (*Arrêt, Cons. d'Etat, 12 déc. 1818, Hazet.*)

Art. **87**. — Lorsque l'alignement qui lui est donné résulte d'un plan dûment homologué, le particulier qui s'en trouverait lésé ne serait pas recevable à réclamer : mais s'il prétendait que l'alignement n'est pas conforme au plan, il pourrait déférer, pour excès de pouvoir, l'arrêté du Maire au Conseil d'Etat, par la voie contentieuse. (*Loi, 7-14 oct. 1790, art. 3; Arrêt, Cons. d'Etat, 30 juin 1842, Génielle.*) .

Art. **88**. — En réglant l'alignement, l'administration ne préjuge aucunement les droits de propriété et de servitude, existant sur le terrain où la construction doit être édifiée. Les contestations qui naissent à ce sujet sont de la compétence de l'autorité judiciaire. (*Arrêt, Cons. d'Etat, 6 déc. 1855, Sauvaget c. Leroy.*)

Art. **89**. — Toutefois, lorsqu'un particulier a bâti d'après l'alignement qui lui a été donné par le Maire, un tribunal ne peut lui prescrire, sur la réclamation d'un tiers, de démolir sa construction ou de la rétablir suivant un autre alignement. Il doit renvoyer le plaignant à se pourvoir devant le Préfet contre l'arrêté municipal. Ce n'est qu'après la décision administrative qu'il peut statuer sur la demande en dommages-intérêts résultant de l'exécution des travaux. (*Arrêts, Cons. d'Etat, 24 fév. 1825, Ve Brun c. Planet et Guérin; 12 déc. 1827, Allard c. Sallin.*)

Art. **90**. — Le propriétaire qui élève une construction doit, indépendamment de l'alignement, observer les prescriptions des règlements qui existent dans la commune, relativement à la hauteur des maisons, à la dimension des saillies, au mode de couverture des toits, etc.

Il est donc convenable que ces prescriptions soient rappelées dans la permission.

ART. **91**. — Les Maires ne peuvent d'ailleurs procéder sur toutes ces matières que par voie de règlements généraux, et de même qu'il ne leur est pas permis de dispenser, par des actes particuliers, certains individus de se conformer aux règlements de cette nature, ils ne peuvent exceptionnellement en soumettre d'autres à des prohibitions qui n'auraient pas été imposées à tous. (*Cass., 30 juin 1832, Lucas; 3 août 1855, Chemin; 15 avril 1861, Besnier.*)

ART. **92**. — Un propriétaire ne pourrait être admis à ne pas suivre l'alignement qui lui aurait été donné, sous le prétexte que la commune n'a pas les fonds nécessaires pour acquitter immédiatement le prix du terrain qu'il devrait livrer à la voie publique; l'administration ne doit laisser faire, sous aucun motif, une chose contraire aux règlements et à l'intérêt général. (*Avis, Cons. d'Etat, 1er février 1826.*)

ART. **93**. — Le Maire qui, dans un intérêt de sûreté publique, prescrit de clore tous les terrains bordant les rues, a le droit d'exiger que les clôtures soient établies sur l'alignement. (*Décis., Min. Int., 22 décembre 1854, ville de Roubaix.*)

§ 3. — *De la confection et de l'approbation des plans d'alignement.*

ART. **94**. — Lorsque, à défaut d'un plan déjà arrêté, le Maire est obligé de fixer lui-même l'alignement qui lui est demandé, il est souvent sollicité par des intérêts opposés qui rendent sa tâche difficile. En outre, des alignements partiels, quelque bien étudiés qu'ils soient, ne peuvent avoir ni l'uniformité ni la régularité que procure un système complet d'alignements coordonnés avec soin et embrassant tout un quartier; il importe donc que chaque commune soit pourvue d'un plan général homologué par l'autorité compétente (1).

ART. **95**. — Les frais de confection de ces plans sont d'ailleurs une charge obligatoire pour les communes. En conséquence, si le Conseil municipal refusait de voter le crédit nécessaire à leur paiement, il devrait être inscrit d'office au budget. (*Loi, 18 juil. 1837, art. 30, n° 18.*)

ART. **96**. — Les Maires doivent exiger que les géomètres auxquels ils s'adressent pour l'exécution de ce travail se conforment aux prescriptions suivantes :

1° Rapporter les plans à l'échelle de cinq millimètres pour

---

(1) Voir à ce sujet la note insérée au bas de la page 12.

un mètre et les tracer à l'encre de Chine sur du papier grand-aigle de 0m,33 de hauteur;

2° Indiquer les constructions par une teinte gris foncé, les fossés, cours et mares d'eau par une teinte vert clair, avec une flèche dirigée dans le sens de l'écoulement; les haies vives par une teinte vert ombré; les haies sèches par une ligne ponctuée à points allongés, d'une grosseur double de celle des traits ordinaires;

3° Dans les parties non bordées de constructions, faire figurer de chaque côté de la voie publique, et sur une zone ayant la même largeur que cette voie, les bornes de délimitation, les arbres à haute tige et les accidents de terrain;

4° Lorsque la rue présente un angle assez prononcé pour que le tracé ne puisse pas être contenu dans le papier, dessiner cet angle une seconde fois, avec ces mots : *partie répétée ci-contre;*

5° Désigner chaque parcelle ou propriété par le numéro qu'elle porte au cadastre ou dans la rue et par le nom du propriétaire;

6° Faire connaître, en outre, la nature, l'importance et l'état de chaque construction par les signes conventionnels suivants :

B	(construction en bois),
P	(construction en pierre et moellons),
PT	(construction en pierres de taille),
0 E	(maison n'ayant qu'un rez-de-chaussée),
1 E	(maison à un étage),
2 E, 3 E...	(maison à deux ou trois étages...),
S	(construction solide),
M	(construction médiocre),
V	(construction en état de vétusté);

7° Inscrire au commencement du plan, c'est-à-dire à la gauche de la feuille, le nom de la commune, le nom et la longueur exacte de la voie, la date du plan et le certificat d'exactitude signé par le géomètre qui l'a levé;

8° Réserver au-dessous un espace libre pour recevoir les diverses mentions administratives;

9° Placer au bas l'échelle comprenant au moins 20 mètres;

10° Répéter le nom de la commune et celui de la voie publique sur le verso de la feuille, aux deux extrémités du plan.

ART. **97.** — Les plans doivent être fournis en double expédition, indépendamment de la minute, et envoyés roulés.

Celle-ci doit contenir de plus que les expéditions le tracé graphique et les cotes de toutes les opérations géométriques qui ont servi à lever le plan, ainsi que les longueurs des façades.

ART. **98.** — Le Préfet a fixé pour la confection des plans d'alignement un tarif établi comme il suit : (*Arrêté, 24 fév. 1857.*)

2

Pour le plan, par 100 m. de longueur 12 f. 00 5 f. 00 3 f. 00
Pour l'intérieur des propriétés, par 100
mètres superficiels :

Terrains bâtis..	3	50	1 50 0 30
Terrains mixtes (cours et construc- tions). . . . . :	2	00	1 00 0 20
Terrains vagues.	0	70	0 30 0 05

Art. 99. — Dans le cas où les plans seraient inexacts ou n'auraient pas été dressés conformément à leurs prescriptions, les Maires ne doivent pas les recevoir.

S'il s'élève quelques contestations à ce sujet, c'est au Préfet à les juger, sauf recours devant le Ministre de l'Intérieur. (*Arrêt, Cons. d'Etat, 3 août 1828, Rousseau ; Cass., Ch. civ., 28 juin 1853, Fauvelle.*)

Art. 100. — Aussitôt que les plans leur sont remis, les Maires étudient ou font étudier les projets d'alignement.

Ils ne doivent pas perdre de vue que le but que l'on se propose étant de pourvoir à la facilité de la circulation ainsi qu'à l'embellissement et à la régularité de la voie publique, il y a lieu de faire prévaloir les raisons d'intérêt général sur les considérations d'intérêt particulier, sans oublier toutefois les égards dus à la propriété privée.

Art. 101. — Ils doivent généralement ne pas s'attacher à un parallélisme rigoureux ; conserver, autant que possible, les constructions établies en vertu d'autorisations récentes, et celles qui, bien qu'en retraite, n'offrent pas de graves inconvénients ; prendre l'élargissement du côté où il cause le moins de dommage aux propriétés riveraines et où il peut être plus promptement réalisé ; ménager les édifices publics ainsi que les monuments qui ont de l'intérêt sous le rapport de l'art ou de l'histoire ; éviter de briser la façade d'un bâtiment ; éviter également les alignements curvilignes et leur substituer des parties de polygones rectilignes, dont la forme se prête mieux aux constructions ; si une voie forme la continuation d'une autre voie, chercher à faire coïncider leurs axes ou du moins à les rapprocher le plus possible ; combiner enfin les alignements de manière à ce que leur exécution partielle ne puisse pas entraver la circulation, et, à cet effet, ne pas admettre d'alignement par avancement, lorsque les constructions opposées sont frappées d'un reculement considérable.

Art. 102. — Avant de présenter un projet d'alignement à l'approbation du Préfet, le Maire le soumet au Conseil municipal pour que celui-ci en délibère. (*Loi, 18 juill. 1837, art. 19, n° 7.*)

Art. 103. — Les délibérations du Conseil municipal, en

cette matière, n'ont d'autre valeur que celle d'un avis. Il n'est pas indispensable que cet avis soit approbatif, et le Maire n'est pas tenu de s'y conformer. (*Loi, 16 sept. 1807, art. 52 ; Décis., Minist. Int., 28 fév. 1839, dép. de l'Aude*) (1).

ART. **104.** — Le Maire fait parvenir à la Préfecture, par l'intermédiaire du Sous-Préfet, les projets d'alignement qu'il a adoptés.

ART. **105.** — Le projet relatif à chaque rue est tracé par des lignes et hachures au crayon sur l'une des expéditions du plan.

Il est accompagné d'un rapport destiné à en bien faire connaître toutes les dispositions.

Les points de repère y sont désignés par des lettres majuscules.

Le plan doit être visé par le Maire.

ART. **106.** — Avant de faire subir à ces projets les épreuves de l'enquête voulue par les règlements, le Préfet peut y introduire les changements et modifications qui lui paraissent nécessaires, nonobstant les observations du Maire et du Conseil municipal. (*Avis Cons. d'Etat, 9 août 1832, ville de la Ferté-Gaucher*) (2).

ART. **107.** — Après l'enquête, le Préfet statue définitivement. Il a le droit d'arrêter des alignements autres que ceux présentés par l'autorité locale, lorsque ceux-ci ne lui semblent pas réunir toutes les conditions désirables. (*Décret 25 mars 1852 ; Avis, Cons. d'Etat, 20 avril 1842*) (3).

ART. **108.** — Dès qu'un projet est approuvé, les alignements qu'il comporte sont indiqués sur la minute et sur les deux expéditions, tant par une large ligne noire que par des lettres et des cotes qui servent à les bien préciser.

On ajoute à la gauche du plan une légende, qui en donne l'explication au moyen de points de repère fixes et faciles à trouver sur le terrain.

---

(1) Modifié. La délibération du Conseil municipal peut dans certains cas lier le Maire et l'autorité supérieure chargée d'approuver le plan, notamment lorsque, par suite de modifications apportées à ce plan, la largeur de la voie publique se trouve augmentée, et généralement, toutes les fois que les modifications ont pour conséquence un accroissement de dépense pour la commune. Ainsi jugé dans l'affaire Abbé Etienne contre comm. d'Orly (Seine), arrêt du Conseil d'Etat en date du 27 mai 1863. (Voir M. Féraud-Giraud, t. I, p. 333. — Dumay sur Proudhon, t. II, p. 720 ; Davenne, Rec. de lois et règlem., t. I, p. 87).

(2) Modifié. Arrêt du Conseil d'Etat en date du 27 mai 1863, aff. Abbé Etienne c. com. d'Orly (Seine). Voir les auteurs Féraud-Giraud, Dumay et Davenne, cités plus haut, au sujet de l'art. 103.

(3) Idem.

Art. **109.** — Le tracé des alignements est payé au géomètre qui en a été chargé, savoir :

Pour la minute, par 100 mètres de longueur. . . 1 fr. »
Pour l'expédition . . . . » 75
Pour la légende, par plan . . . . 1 »

(*Arrêté préfectoral, 24 fév. 1857.*)

Art. **110.** — Les besoins de la circulation étant essentiellement variables, le Préfet peut modifier les alignements d'une rue déjà arrêtés soit par lui, soit par le pouvoir exécutif, lors même qu'ils auraient reçu un commencement d'exécution, et soumettre les propriétés riveraines nouvellement construites aux servitudes ordinaires de voirie. (*Avis, Cons. d'Etat, 7 août 1839 et 20 avril 1852.*)

Art. **111.** — Ce droit est inhérent à l'exercice de son autorité; mais il ne doit en user qu'avec une grande réserve; il convient donc que le Maire ne fasse de propositions à ce sujet que lorsque l'intérêt public l'exige impérieusement. (*Mêmes avis.*)

Art. **112.** — Dans ce cas, il faut repasser par toutes les voies de l'instruction qui a précédé l'homologation du premier plan. (*Mêmes avis.*)

§ 4. Conséquences de l'approbation des plans d'alignement.

Art. **113.** — L'approbation d'un plan d'alignement attribue à la petite voirie la jouissance immédiate des terrains libres qui doivent en faire partie, ainsi que le droit de jouir des terrains clos ou couverts de constructions lors de la démolition volontaire ou forcée, pour cause de vétusté, des murs et bâtiments qui s'opposent à ce que l'administration en prenne possession. (*Avis, Cons. d'Etat, 7 août 1839; Cass., 12 juil. 1855, Romagny; 19 juin 1857, Requiem.*)

Art. **114.** — En attendant, tout l'emplacement que le plan affecte à l'élargissement de la voie publique est grevé de la servitude légale *non œdificandi*. Cette servitude, qui modifie le droit de propriété dans l'intérêt général et dont l'exercice est placé sous la surveillance et le contrôle de l'autorité municipale, a pour but de rendre plus prompt l'élargissement dont il s'agit, et de diminuer les dépenses qu'il doit entraîner pour la commune. (*Cass., 27 janv. 1837, Mallez ; 2 août 1839, Léger-Haas; 14 août 1845, Vᵉ Houdbine; 6 avril 1846, Ch. réun., Gamelin; 25 mai 1848, Chauvel; 22 nov. 1850, Gédéon de Clairvaux.*)

Art. **115.** — Aucune construction ne peut donc être élevée sans autorisation sur le terrain retranchable, lors même, si ce terrain est ouvert, qu'elle serait séparée de la voie publique actuelle par un espace plus ou moins considérable, ou que, si ce terrain se trouve fermé par un mur, elle serait établie derrière ce mur, et, par conséquent, dans l'intérieur d'une propriété close. (*Cass., 2 août 1828, Chandesais; 4 mai 1833, Ch. réun., Aubin-Houlin; 5 juil. 1833, Marguilliers de Saint-Pierre de Caen; 3 déc. 1842, Evin; 30 janv. 1847, Basfoy.*)

Art. **116**. — Une autre conséquence de la même attribution est de donner au Maire le droit d'empêcher qu'on ne prolonge par des réparations confortatives la durée des constructions situées en retraite ou en saillie (*Avis, Cons. d'Etat, 21 août 1839; Cass., 26 sept. 1840, Lenoble; 17 déc. 1847, Rouchon; 12 fév. 1848, Calmels de Puntis.*)

Arr. **117**. — La défense de construire ou de réparer sans l'assentiment du Maire est absolue; il importerait donc peu qu'on ne touchât pas au mur de face ou de clôture, ou que les travaux n'eussent pas pour résultat de prolonger la durée de ce mur. (*Cass., 21 décembre 1844, Gamelin; 7 déc. 1848, Lignière et Bertal; 22 nov. 1850, Gédéon de Clairvaux*) (1).

Art. **118**. — Ces prohibitions ne constituent nullement une expropriation; le propriétaire conserve la jouissance de sa chose, seulement il est obligé de la laisser dans l'état où elle se trouvait lors de l'approbation du plan d'alignement. (*Cass., 7 août 1829, Becq.*)

Art. **119**. — Il résulte de ce qui précède que, dès que la démolition d'un bâtiment en retraite ou en saillie est opérée, le propriétaire ne peut élever une nouvelle construction qu'en se conformant à l'alignement, et qu'il n'est pas nécessaire de remplir, à l'égard du terrain dont il est dépossédé, les formalités auxquelles est soumise l'expropriation pour cause d'utilité publique. (*Cass., 30 janv. 1836, Weissgerber.*)

Art. **120**. — Ce n'est d'ailleurs qu'après la démolition, et l'enlèvement de tous matériaux et décombres, qu'il peut exiger le prix de ce terrain. (*Cass., 7 août 1829, Becq.*)

Art. **121**. — Les plans d'alignement servent encore à reconnaître et à spécifier les rues, places, etc., dont se composait le domaine public communal au moment de leur confection. (*Cass., 7 fév. 1852, Picq et Châtelet.*)

Art. **122**. — Dès lors, si une rue était livrée à la circula-

---

(1) Modifié. Dans le cas où les travaux à exécuter n'auraient pas pour effet de prolonger la durée des constructions, il est admis qu'il n'y a pas d'inconvénient à les autoriser. (Déc., Min. Int., rue de la Belle-Croix, comm. d'Ivry (Seine).

tion quand le plan d'alignement en a été dressé, l'arrêté qui approuve ce plan a pour effet d'attribuer virtuellement le sol de la rue à la petite voirie, bien que la propriété en soit contestée à la commune. Le droit des riverains qui s'en prétendent propriétaires se résout en une indemnité. (*Cass., 10 sept. 1840, Rissel; 28 janv. 1841, Chantrelle; 13 juil. 1861, Chicard*) (1).

Art. **123**. — Contrairement à ce qui a lieu pour les terrains privés qui, lorqu'ils sont ouverts, se trouvent incorporés immédiatement à la voie publique par suite de l'approbation du plan d'alignement, cette approbation n'enlève au terrain communal qui doit être réuni à la propriété riveraine son caractère de voie publique que lorsque le plan a reçu son exécution. Une construction contiguë à ce même terrain ne cesse pas, en attendant, d'être soumise à toutes les servitudes de voirie. (*Cass., 31 mai 1855, Thiveau.*)

Art. **124**. — Les plans d'alignement une fois arrêtés sont obligatoires pour toutes les propriétés riveraines de la voie publique. L'administration devant être la première à donner l'exemple de la soumission à la loi générale, ne serait pas fondée à prétendre que des bâtiments servant à des services publics sont hors du droit commun. (*Avis, Cons. d'Etat, 4 juin 1841, Lunéville.*)

5. — Des effets de la délivrance de l'alignement; — acquisitions et cessions de terrains.

Art. **125**. — L'arrêté qui donne un alignement, par suite duquel on est obligé de reculer des constructions et de délaisser du terrain, a pour effet de réunir de plein droit ce terrain à la voie publique; le propriétaire ne peut réclamer autre chose qu'une indemnité. (*Arrêts, Cons. d'Etat, 31 août 1828, Lasbenès; 5 fév. 1857, Bourette.*)

Art. **126**. — En conséquence, dès l'instant que les constructions sont démolies, le terrain destiné à l'élargissement de la voie publique s'y trouve incorporé aussi complétement que

---

(1) De nombreux arrêts contredisent cette doctrine, notamment : Cass. crim., 13 mai 1854, aff. Bonamy et aff. Etasse; 27 juillet 1854, aff. Azeau; 9 janvier 1861, aff. Bauduin; 7 mars 1862, aff. Layé; Cons. d'Etat, 1er juillet 1840, aff. Ducher; 24 juillet 1848, aff. Saint-Salvi; 2 septembre 1862, aff. Chicard; 5 déc. 1866, hérit. Bernard et Lambin d'Anglemont c. comm. de Romainville (Seine); 7 janvier 1869, Ouzou et Gourdon c. comm. des Lilas (Seine). La jurisprudence fixée par ces arrêts paraît devoir être suivie à l'avenir, de préférence à celle qui a été adoptée par les arrêts cités dans l'art. 122.

: en eût toujours fait partie. L'impétrant n'a donc pas le droit d'en conserver la jouissance ni d'y faire d'entreprises, lors même que la commune ne lui en aurait pas encore payé le prix. (*Cass., 4 oct. 1834, Bérard; 16 juil. 1840, Ch. réun., Delalonde; 10 juin 1843, Léger; 19 juin 1857, Requiem.*)

Art. **127.** — Cependant, il peut valablement, dans ce dernier cas, concéder sur ce même terrain une hypothèque s'appliquant à l'indemnité qui lui est due (*Cass., Ch. des req., 19 mars 1838, Cuvillier c. Lagrenée.*)

Art. **128,** — L'impétrant ne serait pas non plus fondé à réclamer l'usage de caves qui existeraient sous le terrain délaissé, attendu que la propriété du dessus du sol emporte nécessairement la propriété du dessous (*Code Nap., art. 552.*)

Art. **129.** — S'il renonce à l'indemnité à laquelle il a droit à raison de la cession de ce terrain, le Maire lui demande d'en faire la déclaration par écrit, afin que la commune soit mise à l'abri de toute réclamation ultérieure.

Art. **130.** — S'il tient, au contraire, à en être payé, le règlement du prix a lieu autant que possible à l'amiable.

Art. **131.** — A cet effet, le Maire fait dresser par l'agent voyer communal le métré et l'estimation de ce même terrain.

Art. **132.** — L'estimation ne doit comprendre que la valeur vénale. Dès lors, l'impétrant ne pourrait pas exiger qu'on lui tînt compte de la dépréciation que le retranchement aurait pu causer au surplus de l'immeuble. (*Loi, 16 sept. 1807, art. 50; Cass., Ch. civ., 21 fév. 1849, Auguin et autres.*)

Art. **133.** — Si l'estimation lui paraît bien établie et si l'impétrant y donne son adhésion, le Maire la présente à l'homologation du conseil municipal.

Art. **134.** — L'acquisition du terrain étant obligatoire pour la commune, le Conseil municipal n'a besoin de se prononcer que sur le prix. (*Avis, Cons. d'Etat. 1er déc. 1835; Circ. Min. Int., 23 janv. 1836.*)

Art. **135.** — S'il accepte l'estimation, la délibération par laquelle il exprime son avis est soumise à l'approbation du Préfet, par l'intermédiaire du Sous-Préfet (1).

Art. **136.** — Lorsque la somme à payer n'excède pas 500 fr., le Conseil municipal doit déclarer, dans la même délibération,

(1) L'approbation du Préfet n'est pas nécessaire dans le cas prévu par l'art. 1er de la loi du 24 juillet 1867, ainsi conçu : « Les conseils municipaux règlent par leurs délibérations les acquisitions de terrains, lorsque le montant de ces acquisitions, cumulé avec celui des acquisitions faites dans le même exercice, ne dépasse pas le dixième de leurs revenus annuels. »

si, à raison de la position du vendeur, il dispense le Maire de remplir, avant le paiement du prix, les formalités de purge des hypothèques. (*Loi, 3 mai 1841, art. 19; Ordon. roy., 18 avril 1842, art. 2*) (1).

Art. **137**. — Dès que la délibération est approuvée par le Préfet (2), la commune se rend propriétaire du terrain au moyen d'un acte de cession.

Art. **138**. — Aucune disposition législative ou réglementaire n'ayant rendu indispensable le ministère d'un notaire pour valider les acquisitions faites par les communes, le Maire peut se contenter d'un acte sous signature privée, passé dans la forme des actes administratifs et dont une minute reste déposée aux archives de la mairie. Ce dernier mode, qui n'entraîne aucuns frais, doit être préféré à un contrat notarié, surtout lorsque la parcelle de terrain est minime et que les droits du vendeur sont nettement établis. (*Inst., Min. Int., 21 juin 1838; Loi, 3 mai 1841, art. 56.*)

Art. **139**. — Dans tous les cas, l'acte n'a pas bsoin d'être soumis à l'homologation de l'administration supérieure, si le Préfet n'a fait aucune réserve à cet effet, en renvoyant la délibération du conseil municipal revêtue de son approbation. (*Inst. Min. Int., Bull. officiel de 1858, art. 60.*)

Art. **140**. — L'acte, qu'il soit administratif ou notarié, doit être visé pour timbre et enregistré gratis, l'acquisition ayant lieu pour cause d'utilité publique. (*Loi, 3 mai 1841, art. 58; Décret 26 mars 1852, art. 2, § 5.*)

Art. **141**. — Si le prix dépasse 500 fr., ou si, lorsqu'il n'excède pas cette somme, le Maire n'a pas été autorisé à s'abstenir de la purge des hypothèques, cette purge doit avoir lieu dans les formes prescrites en matière d'expropriation. En conséquence, il suffit, avant d'envoyer l'acte à la transcription, qu'un extrait en soit publié à son de caisse dans la commune, affiché tant à la porte principale de l'église qu'à celle de la mairie, et inséré dans un journal qui reçoit les annonces judiciaires et légales. (*Loi, 3 mai 1841, art. 15 et 19.*)

Art. **142**. — La commune ne jouit pas, comme l'État et le département, de l'avantage de ne payer aucun salaire pour la transcription. (*Inst., Min. Fin., 16 nov. 1842.*)

Art. **143**. — Elle ne peut non plus s'opposer à ce qu'il soit pris une inscription d'office, quand bien même le vendeur

---

(1) Voir également, décret du 14 juillet 1866.
(2) Ou dès que le délai voulu pour qu'elle soit devenue exécutoire est expiré (art. 1er et 6 de la loi du 24 juillet 1867; art. 18 de la loi du 18 juillet 1837).

aurait déclaré en dispenser le conservateur des hypothèques. Une pareille dispense ne peut avoir d'effet que pour les acquisitions faites au nom de l'Etat. (*Inst., Min. Fin. 17 avril 1835.*)

ART. **144.** — A moins de stipulations contraires, les intérêts courent de plein droit à partir du jour où le terrain a été livré de fait à la voie publique. (*Code Nap., art. 1652.*)

La commune doit donc chercher à se libérer le plus promptement possible.

ART. **145.** — Tout ce qui précède est également applicable au cas où le propriétaire, dont les constructions auraient pu durer encore longtemps, consent à prendre immédiatement alignement, moyennant une indemnité.

ART. **146.** — Si, lorsque la démolition a été volontaire et spontanée, le propriétaire et la commune n'ont pu tomber d'accord sur le prix du terrain, le règlement en est demandé au jury. *Avis, Cons. d'Etat, 1ᵉʳ avril 1841; Arrêt. Cons d'Etat, 14 déc. 1857, Larbaud.*)

ART. **147.** — Le Maire joint alors à la délibération du Conseil municipal le métré dudit terrain, accepté par le propriétaire, et la déclaration par laquelle ce dernier consent à la cession, sans l'accomplissement des formalités exigées par le titre II de la loi, sur l'expropriation pour cause d'utilité publique.

ART. **148.** — La déclaration ne paraît même pas absolument nécessaire, puisque le consentement résulte implicitement de la reprise volontaire de l'alignement.

ART. **149.** — Muni de ces pièces, le Préfet provoque du tribunal un jugement donnant acte à la commune du consentement à la cession. (*Loi, 3 mai 1841, art. 14, § 5.*)

ART. **150.** — Ce jugement, qui équivaut à un contrat d'acquisition, est soumis aux formalités de publication et de transcription prescrites par les articles 15 et suivants de la loi du 3 mai 1841; puis on procède conformément aux dispositions du titre IV de la même loi.

ART. **151.** — Les règles relatives à la fixation, soit à l'amiable, soit par le jury, du prix des portions de terrain que l'alignement retranche des propriétés riveraines, doivent être également observées, lorsqu'il ajoute, au contraire, à ces propriétés, des portions de terrain qui appartiennent à la voie publique. (*Avis, Cons. d'État, 1ᵉʳ avril 1841.*)

ART. **152.** — Les terrains laissés par les riverains, en dehors de la clôture de leurs propriétés, le long d'une rue, d'une place, etc., sont présumés, jusqu'à preuve contraire, dépendre de la voie publique. Dès lors, la commune est fondée à en exiger le

paiement lorsqu'ils sont repris par suite d'alignement. (*Cass.,
Ch. civ., 13 mars 1854, comm. de Blanzay c. Jolly.*)

ART. 153. — Si les droits de la commune sur le terrain à
réunir à la propriété riveraine ne sont pas contestés et qu'il y
ait accord sur le prix, la cession est réalisée par un acte passé
devant notaire ou sous signature privée, au choix de l'acquéreur.

ART. 154. — En cas de désaccord, un jugement donne acte
au riverain du consentement de la commune à la cession, et
le jury est appelé à fixer le montant de l'indemnité. (*Avis,
Cons. d'État, 1er avril 1841.*)

ART. 155. — Indépendamment des frais de l'acte, l'acquéreur acquitte les droits d'enregistrement. Ces droits sont les
mêmes que pour une mutation ordinaire de propriété.

ART. 156. — Le prix du terrain cédé par la commune est
payé entre les mains du receveur municipal, et porté dans son
compte au produit des ventes de meubles et d'immeubles.

ART. 157. — A moins que l'acquéreur ne juge convenable
d'accomplir les formalités hypothécaires, ce prix est acquitté
immédiatement après la décision du jury, ou au moment de la
vente, si elle a lieu à l'amiable. Dans ce dernier cas, le receveur intervient au contrat et donne quittance.

ART. 158. — L'acte par lequel une commune a cédé à un
particulier une parcelle de terrain retranchée de la voie publique, bien que passé dans la forme administrative, est un contrat de droit commun, dont l'interprétation et l'application sont
du ressort de l'autorité judiciaire. (*Arrêt, Cons. d'État, 10 février 1859, Ragot.*)

ART. 159. — Lorsqu'il s'agit de partager entre deux ou
plusieurs riverains une portion de terrain à réunir à leurs propriétés, les lignes qui doivent diviser ce terrain sont, autant
que possible, des perpendiculaires abaissées sur l'axe de la rue
ou de la place, afin que les nouvelles constructions se présen-
tent d'équerre sur la voie publique.

ART. 160. — La solution des contestations auxquelles donne
lieu le mode de partage appartient à l'autorité administrative,
à moins que ces contestations ne naissent de prétentions relatives à des droits respectifs de servitude, de vue ou d'accès;
dans ce dernier cas, les tribunaux civils sont seuls compétents
pour les juger. (*Arrêts, Cons. d'État, 9 juin 1824, Hérit. Denys
c. Boucheporn; 27 juill. 1834, Gressent et Deshaies c. Pivain;
Ordonn. roy., 30 oct. 1845, Darras c. Baudrot-Pitolet; Avis,
Cons. d'État, 1er fév. 1826; 13 janv. 1847, Marion et Hirel,
à Louviers.*)

§ 6. — De la réparation des bâtiments non alignés.

Art. **161**. — L'obligation imposée aux riverains des rues, places, etc., de ne rien entreprendre sans permission, sur ou joignant la voie publique, a pour but de donner au Maire les moyens de s'assurer si les travaux projetés sont susceptibles de nuire à la liberté du passage ou de retarder l'exécution des plans d'alignement. (*Avis, Cons. d'Etat, 21 août 1839.*)

Art. **162**. — L'autorité administrative est seule compétente pour décider s'ils peuvent avoir ou non ces résultats, et, en général, pour apprécier les circonstances qui doivent déterminer à accorder ou à refuser la permission. (*Cass., 25 juin 1836, Ch. réun., Kœchlin-Dollfus ; 10 nov. 1836, Aubert et Favet ; 8 nov. 1861, Corté ; Arrêts, Cons. d'État, 7 fév. 1834, Bonnefoy ; 1er sept. 1841, Cosnard.*)

Art. **163**. — Les décisions par lesquelles l'administration déclare que des travaux sont confortatifs ne constituent que des actes administratifs et ne sauraient être déférées au Conseil d'État par la voie contentieuse. (*Arrêt, Cons. d'État, 6 juil. 1850, Thomas.*)

Art. **164**. — Un Maire ne peut permettre que ce qu'il n'était pas défendu aux anciens officiers de la petite voirie d'autoriser. Dès lors, il excède ses pouvoirs en consentant à ce qu'il soit fait aux constructions situées en saillie quelques ouvrages de nature à les conforter, conserver ou soutenir. Son devoir est, au contraire, de s'opposer à leur exécution. (*Cass., 6 déc. 1833, Durieux-Demaret ; 4 mai 1848, Toustain ; 4 janv. 1855, Vanreynschoote.*)

Art. **165**. — Bien que les constructions en retraite soient également contraires à la régularité de l'alignement, le Maire ne doit pas exercer la même rigueur à leur égard, puisque l'administration a toujours les moyens de faire disparaître les enfoncements qui nuisent à la salubrité ou à la sûreté publique. En effet, si le terrain appartient au riverain, elle peut, par mesure de police, contraindre ce dernier à le clore, et, s'il dépend de la voie publique, elle a le droit d'obliger le riverain à l'acquérir pour le réunir à sa propriété, sous peine d'être dépossédé lui-même de l'ensemble de son immeuble. (*Lois 14-22 déc. 1789, art. 50 ; 16 sept. 1807, art. 53 ; Avis Cons. d'Etat, 2 fév. 1825, ville de Bordeaux ; 1er fév. 1826 et 21 août 1839.*)

Art. **166**. — Il n'est pas possible de préciser *a priori* les travaux qui peuvent être permis et ceux qui doivent être interdits. Tout dépend de l'état des constructions qu'il s'agit de restaurer ou d'augmenter, du genre d'opération à exécuter, de la nature des matériaux à employer, etc. Les travaux qui paraissent de peu de conséquence, tels qu'un simple crépissage et même un badigeon, peuvent avoir pour résultat, sinon de conforter, du moins de conserver ; d'ailleurs, ils servent souvent à dissimuler des ouvrages plus importants. (*Cass., 23 juill. 1835, Blanchard ; 20 juill. 1838, Canet et Foulloy ; 11 fév. 1859, Lacave.*)

Art. **167.** — Il est généralement reçu qu'il n'y a pas d'inconvénients à laisser réparer les parties supérieures d'un bâtiment, pourvu qu'on ne touche pas aux fondations ni au rez-de-chaussée ; mais il ne peut y avoir de règles absolues à ce sujet, attendu que, même sans consolider la base d'un édifice, on peut, au moyen de certaines dispositions habilement exécutées, augmenter la durée de l'ensemble de la construction.

Art. **168.** — De même, on admet qu'il y a lieu de permettre l'ouverture ou l'agrandissement de baies dans toutes les parties de la façade ; ces opérations, loin d'ajouter à la solidité des murs, tendant au contraire à la diminuer ; mais, dans ce cas, il ne faut pas que les ouvertures soient soutenues par de fortes pièces de décharge, que les nouveaux supports et points d'appui offrent une résistance plus grande que ceux qu'ils remplacent, et que les raccordements soient exécutés de manière à fortifier les anciennes maçonneries.

Art. **169.** — On convient également que rien ne doit s'opposer à ce qu'un bâtiment en saillie soit exhaussé, pourvu qu'on ne commence pas par le consolider, puisque la surcharge accélère ordinairement la ruine des parties inférieures et avance, en conséquence, le moment où tout l'édifice devra être reconstruit. Cependant, comme l'exhaussement constitue par lui-même un nouvel œuvre, qu'il ajoute à la valeur de l'immeuble et peut dès lors retarder indirectement la reprise d'alignement, qu'en outre, en cas d'expropriation, il expose la commune à une plus forte indemnité, le Maire est fondé à en refuser l'exécution. (*Cass., 12 juill. 1855, Lormaud*) (1).

Art. **170.** — La permission de remplacer des pierres cassées ou écornées accidentellement ou par malveillance à l'étage inférieur d'une maison sujette à reculement ne pourrait non plus

---

(1) La jurisprudence du ministère de l'intérieur n'admet pas que l'autorité municipale puisse refuser l'exhaussement d'un bâtiment en saillie : elle pose en principe qu'une construction sujette à reculement peut être surélevée, pourvu que le nouvel œuvre ne soit pas exécutée sur la partie retranchable, et que les parties inférieures ne soient pas consolidées. (Décision du Min. int. com. d'Ivry, Seine, rue de la Belle Croix.)

être accordée, quelle que fût la cause de la dégradation, puis que le remplacement constituerait une véritable consolidation. (*Avis, Cons. d'Etat, 2 fév. 1825, ville de Bordeaux; Décis., Min. Int., Paris, 22 déc. 1846, de Bervanger; 20 oct. 1847, Rebour.*)

Art. **171**. — En général, le Maire a le droit d'interdire l'exécution de tous les ouvrages qui auraient pour effet, soit de retarder la reprise d'alignemement, soit d'augmenter la dépense qu'elle doit occasionner pour la commune. (*Cass., 25 mai 1848, Chauvel*) (1).

Art. **172**. — Il peut donc défendre de faire, sans son autorisation, toutes réparations tant intérieures qu'extérieures, de quelque nature et quelque légères qu'elles soient. (*Cass., 9 oct. 1834, Malachanne*) (2).

Art. **173**. — Il peut même s'opposer au dérasement d'un mur, rien n'étant plus propre à prolonger sa durée que d'en diminuer la hauteur et le poids, et à maintenir ainsi sa conservation au delà du terme probable de son existence. (*Cass., 8 janv. 1830, Bourgeois.*)

Art. **174**. — Cependant, comme le libre usage de la propriété est le principe général, et la servitude l'exception, s'il est démontré que l'intérêt public ne serait nullement compromis par l'exécution des travaux demandés, le Maire, en refusant de les autoriser, méconnaîtrait les principes d'équité dont l'administration ne doit jamais s'écarter et qui, à défaut de droit écrit, doivent toujours faire la base de ses actes. (*Inst. Min. Int., 8 fév. 1843 et 13 janv. 1846, Seine.*)

Art. **175**. — Il ne pourrait donc pas, quand un propriétaire ne se trouve plus clos du côté de la voie publique, par suite de retranchements opérés sur une partie de son immeuble, lui refuser d'établir une nouvelle clôture, sauf à tenir la main à ce que celle-ci ne soit pas construite de manière à prolonger la durée des bâtiments restés debout. (*Arrêt, Cons. d'Etat, 24 juin 1816, Delime; Cass., 13 sept. 1844, Thomas.*)

Art. **176**. — Lorsque, usant de son droit d'appréciation, le Maire ne voit pas d'inconvénients à accueillir la demande qui lui est faite, moyennant certaines restrictions qu'il impose, il doit veiller à ce que l'impétrant se renferme exactement dans les limites de la permission.

Art. **177**. — Son pouvoir va jusqu'à enjoindre à un propriétaire de laisser le commissaire de police et les gens de l'art

---

(1) Sauf la restriction indiquée dans la note qui précède.
(2) Même observation.

qui l'accompagnent, s'introduire dans la maison, afin de vérifier s'il n'a pas été fait intérieurement et dans la partie retranchable des travaux qui n'auraient pas été autorisés. (*Code, Instr. crim. art. 11; Cass., 17 déc. 1847, Rouchon.*)

Art. **178.**— Mais, lorsque la construction se trouve située sur l'alignement résultant d'un plan régulièrement approuvé, ou, à défaut de plan, sur un alignement que le Maire juge convenable de maintenir, rien n'empêche d'autoriser le propriétaire à y faire toutes réparations et additions, pourvu qu'il se conforme, s'il établit des ouvrages en saillie, aux prescriptions réglementaires concernant leurs dimensions, leur élévation au-dessus du sol, etc.

Art. **179.** — Toutefois, s'il s'agit de surélever un bâtiment, et si un arrêté municipal a limité la hauteur des constructions, l'exhaussement ne peut être exécuté que dans les conditions de ce règlement.

§ 7. — *De la poursuite et de la répression des contraventions.*

Art. **180.** — L'action pour la répression des contraventions en matière de voirie urbaine ne s'exerce, comme pour toutes les autres contraventions de police, que par le ministère public. (*Cod. Inst. crim., art. 1er.*)

Art. **181.** — Néanmoins, les particuliers qui croient avoir à se plaindre de ces contraventions ont le droit de réclamer directement devant la juridiction répressive la réparation du dommage qu'ils peuvent en éprouver. (*Cod. Inst. crim., art. 1er et 3; Cass. 5 juillet 1839, Rebourseau c. Durand.*)

Art. **182.** — Ils ont aussi qualité pour joindre accessoirement leur demande à l'action publique, mais alors il faut qu'ils justifient d'un intérêt suffisant ou d'un préjudice direct. (*Arrêt, Cons. d'État, 14 décembre 1854, Astier.*)

Art. **183.** — La répression de ces mêmes contraventions est dévolue aux tribunaux de simple police. (*Cod. Inst. crim., art. 138; Code pénal, art. 464 et suiv.*)

Art. **184.** — Les agents chargés de les constater sont les Maires et leurs Adjoints, les Commissaires de police et les gendarmes. (*Code, Inst. crim., art. 9; Décret, 1er mars 1854, art. 316.*)

Art. **185.** — Ils dressent à cet effet des procès-verbaux qui font foi en justice jusqu'à preuve contraire et qui, dès lors, ne peuvent être contredits par de simples allégations des prévenus. (*Code Inst. crim., art. 154; Cass., 17 déc. 1824, Vilhès; 25 mars 1830, Maupas; 1er avril 1854, Cazos.*)

Art. **186.** — Cependant, la force probante accordée par la loi à ces procès-verbaux ne s'applique qu'aux faits matériels que l'agent a constatés lui-même ; le tribunal peut donc refuser d'ajouter foi à un procès-verbal qui n'est dressé que sur l'allégation d'un tiers. (*Cass., 2 janv. 1830, dame Dangremont; 1er fév. 1856, Sauvaire-Jourdan.*)

Art. **187.** — Les agents de police, tels que les sergents de ville et appariteurs, n'ont pas qualité pour verbaliser en cette matière ; ils ne peuvent faire que de simples rapports qui, pour faire foi en justice, doivent être corroborés par des dépositions de témoins. (*Cass., 26 mai 1854, Delahaye ; 24 fév. 1855, Rambaud.*)

Art. **188.** — Il en est de même des agents voyers des chemins vicinaux ainsi que des gardes champêtres. (*Cass., 3 janv. 1841, Vᵉ Jannin ; 6 nov. 1857, Signé et consorts.*)

Art. **189.** — Un procès-verbal doit être clair et précis. Il faut qu'il soit daté et signé, qu'il énonce les nom, prénoms et qualités de l'agent qui le dresse, le lieu où il est rédigé, les nom, prénoms et domicile, tant du propriétaire que de l'entrepreneur qui a dirigé les travaux ; les circonstances du fait constitutif de la contravention, et tous les renseignements qui peuvent servir à la manifestation de la vérité.

Art. **190.** — Aucun mot ne doit y être surchargé ou gratté; il ne faut y laisser aucun blanc, et ne rien écrire hors ligne ou en interligne. Les ratures doivent être approuvées et les renvois signés ou au moins parafés. (*Code Inst. crim., art. 78 ; Cass., 23 juill. 1324, Bonnefoi.*)

Art. **191.** — Les procès-verbaux de l'espèce peuvent être dressés tous les jours, sans exception des fêtes et dimanches. (*Loi, 17 therm. an VI; Cass., 27 août 1807, Jégu.*)

Art. **192.** — Il n'est pas indispensable, pour leur validité, que les Maires, Adjoints ou Commissaires de police soient revêtus de leur costume ou ceints de leur écharpe au moment où ils les rédigent. (*Cass., 10 mars 1815, Mauriès ; 11 nov. 1826, Giot.*)

Art. **193.** — Il n'est pas non plus nécessaire que les procès-verbaux soient écrits de la main même du fonctionnaire qui les dresse ; ainsi le Maire peut employer, soit le secrétaire de la mairie, soit toute autre personne pour les écrire sous sa dictée. (*Cass., 19 mars 1830, Grapin.*)

Art. **194.** — Ces procès-verbaux peuvent toujours être rédigés sur papier libre. Ils n'ont d'ailleurs pas besoin d'être affirmés pour faire foi en justice. (*Lois, 13 brum. an VII, art. 16, et 17 juil. 1856 ; Cass., 5 janv. 1838, Mayeur ; 15 nov. 1839, Vacheron.*)

Art. **195.** — Les mêmes actes sont enregistrés en débet dans les quatre jours par le receveur du bureau le plus voisin, qui les vise en même temps pour valoir timbre. Les droits sont recouvrés plus tard sur les parties condamnées. (*Loi, 22 frim. an VII, titre III, art. 20, et titre XI, art. 70.*)

Art. **196.** — Toutefois, le défaut tant du visa pour timbre que de l'enregistrement n'entraînerait pas la nullité du procès-verbal ; le juge devrait ou surseoir jusqu'à ce que ces formalités eussent été remplies, ou statuer quand même. (*Cass., 5 mars 1849, Jollivet et consorts ; 23 fév. 1827, Pain ; 31 mars 1848, Redoulez ; 15 oct. 1852, Esch.*)

Art. **197.** — Dans tous les cas, la répression des contraventions n'étant point subordonnée à la validité des procès-verbaux qui les constatent, le prévenu ne peut être renvoyé des fins de la plainte, quand le fait dont il s'est rendu coupable se trouve établi par des témoins ou par son propre aveu. (*Code, Inst. crim., art. 154; Cass., 18 mars 1854, Paradis.*)

Art. **198.** — Les témoins doivent être entendus à l'audience et prêter serment ; il n'appartiendrait donc pas au juge d'admettre, comme preuves contraires des faits énoncés dans un procès-verbal régulier, des renseignements pris en dehors de l'audience et d'entendre même le Maire ou des membres du conseil municipal dans leurs explications, sans prestation de serment. (*Code, Inst. crim., art. 155 ; Cass., 14 déc. 1861, Baudrier.*)

Art. **199.** — Les procès-verbaux doivent être adressés en minute, immédiatement après leur enregistrement, au commissaire de police qui remplit près du tribunal les fonctions du ministère public. (*Code, Inst. crim., art. 15 ; Décret, 18 juin 1811, art, 59.*)

Art. **200.** — Les Maires ne peuvent se permettre ni de ne pas donner suite aux procès-verbaux, ni de transiger avec les contrevenants, sans encourir la peine portée par l'art. 131 du Code pénal, (*Min. Int., circ., 28 juill. 1848, et Inst., 20 mars 1839, Seine.*)

Art. **201.** — Le tribunal ne peut être saisi que par une citation donnée par huissier à la requête du commissaire de police représentant le ministère public, ou de la partie qui réclame. (*Code, Inst. crim., art. 145.*)

Art. **202.** — La citation ne serait pas nulle parce que l'huissier qui l'aurait signifiée ne serait pas celui de la justice de paix. (*Cass., 23 mai 1817, Bazénerie.*)

Art. **203.** — La loi n'ayant déterminé aucune forme particulière pour ces sortes de citations, il n'est pas nécessaire, à peine de nullité, qu'elles soient motivées. (*Cass.*, *11 fév. 1808, Durieux.*)

Art. **204**. — Elles sont suffisamment libellées, lorsqu'elles portent assignation à comparaître à tel jour et à telle heure pour avoir contrevenu à telle loi ou tel règlement. (*Cass.*, *23 avril 1831, Audebaud.*)

Art. **205**. — Les jugements doivent être rendus en audience publique et le constater, à peine de nullité. (*Code Inst. crim., art. 153; Cass., 28 nov., 1856, Cornieux.*)

Art. **206**. — Est également nul le jugement qui ne constate pas que le ministère public a été entendu. (*Code Inst. crim., art. 153; Cass., 6 déc. 1861, Vigoureux et consorts.*)

Art. **207**. — Le juge doit aussi, à peine de nullité, motiver son jugement et y insérer les termes de la loi pénale qu'il applique, ainsi que du règlement auquel il a été contrevenu. (*Code Inst. crim., art. 163; Cass., 17 janv. 1829, Fleuriel.*)

Art. **208**. — Les peines infligées par la loi aux contrevenants en matière de voirie urbaine sont l'amende, et, en cas de récidive, la prison.

L'amende ne peut s'élever au-dessus de 5 francs, et l'emprisonnement ne peut être de plus de trois jours. (*Code pénal, art. 471 et 474.*)

Art. **209**. — Les jugements ne peuvent être attaqués par la voie de l'appel que lorsqu'ils prononcent un emprisonnement, ou que l'amende et les réparations civiles s'élèvent ensemble à plus de 5 francs, outre les dépens. Un jugement qui ne prononce qu'une amende et, à plus forte raison, celui qui renvoie le prévenu, est, en conséquence, rendu en dernier ressort. (*Code Inst. crim., art. 172; Cass., 3 sept. 1811. Duhamel; 26 mars 1813, Lambay et consorts.*)

Art. **210**. — Celui qui prononce la démolition des travaux indûment exécutés est, au contraire, susceptible d'appel, puisque, dans ce dernier cas, la valeur de la réparation civile est indéterminée, et que, jointe au montant de l'amende, elle s'élève nécessairement à plus de 5 francs. (*Cass., 31 janv. 1851, Vassas; 26 janvier 1856, Jobert et Vᵉ Dupuis.*)

Art. **211**. — L'appel est suspensif. Il doit être porté au tribunal de police correctionnelle dans les dix jours de la signification de la sentence à personne ou à domicile. (*Code Inst. crim., art. 173 et 174; Cass., 11 juil. 1850, Andrieu.*)

Art. **212**. — Le ministère public n'est jamais recevable à appeler d'un jugement de simple police; cette faculté est exclusivement réservée à la partie condamnée. Il en résulte que la peine prononcée en première instance ne peut être aggravée

3

devant la juridiction correctionnelle. (*Cass.*, *29 mars 1812, Miller et Mathar.*)

Art. 213. — Mais le ministère public peut se pourvoir en cassation contre un jugement de police en dernier ressort, ou contre un jugement du tribunal correctionnel rendu sur l'appel d'un jugement de police. Le Maire ne serait compétent à ce sujet que s'il était partie au jugement. (*Cass.*, *22 janv. 1837, Hartmann.*)

Art. 214. — Le délai pour se pourvoir est de trois jours francs, et court de la prononciation du jugement, sans qu'il soit besoin d'une signification. Les trois jours expirés, le jugement acquiert l'autorité de la chose jugée et n'est susceptible que d'un pourvoi dans l'intérêt de la loi, c'est-à-dire pour le respect des principes. (*Code Inst. crim.*, *art. 373* ; *Cass.*, *16 nov. 1848, Leborgne.*)

Art. 215. — Dans ce cas, le Commissaire de police, qui remplit les fonctions du ministère public n'a pas qualité pour l'exercer. Ce droit n'appartient qu'au procureur général près la Cour de cassation. (*Code Inst. crim.*, *art. 409 et 442.*)

Art. 216. — Le juge ne peut prononcer d'autres peines que celles portées aux art. 471 et 474 du Code pénal, lors même que l'arrêté du Maire auquel il a été contrevenu en aurait établi de plus fortes, attendu qu'il n'appartient pas au pouvoir municipal d'en créer arbitrairement dans les matières sur lesquelles il est autorisé à agir par voie de règlement. (*Cass.*, *17 janv. 1829, Fleuriel.*)

Art. 217. — Si, devant le tribunal, le ministère public abandonnait les poursuites, ce ne serait pas une raison pour le juge de se dessaisir de l'action et de renvoyer, uniquement pour ce motif, le prévenu des fins de la plainte. (*Cass.*, *6 déc. 1834, Gaillard et Hamon.*)

Art. 218. — Lorsqu'un particulier a, sans une autorisation écrite et préalable du Maire, élevé ou réparé une construction quelconque sur ou joignant la voie publique, que le fait est constaté par un procès-verbal régulier et non débattu par la preuve contraire, le délinquant ne peut être acquitté, sous le seul prétexte que la contravention n'est pas suffisamment prouvée. (*Cass.*, *27 déc. 1844, Baffoy* ; *13 juill. 1850, Ve Lemaître.*)

Art. 219. — Ni sous le prétexte qu'aucun règlement municipal n'a prescrit la nécessité d'une autorisation pour de telles entreprises, ou, du moins que le prévenu n'a pas été mis en demeure de s'y conformer. (*Cass.*, *8 août 1834, Richard* ; *15 mai 1835, Bot* ; *24 juin 1843, Cléon*)

Art. 220 — Ni sous le prétexte qu'il s'est engagé devant le tribunal à solliciter la permission dont il aurait dû se pourvoir avant de commencer les travaux, ou qu'il l'a obtenue après leur exécution. (*Cass., 24 janv. 1835, Boët ; 4 oct. 1839, Piétri ; 8 oct. 1846, Taillade.*)

ART. **221.** — Ni sous le prétexte que des témoins entendus à l'audience ont attesté qu'elle avait été donnée verbalement par le Maire. (*Cass., 10 fév. 1853, Crouzet.*)

ART. **222.** — Ni sous le prétexte que, depuis l'introduction de l'instance, la permission verbale a été ratifiée par écrit, ou que le Maire a certifié qu'il l'avait réellement donnée. (*Cass., 26 juin 1835, Giraud ; 13 mars 1841, Coulanges.*)

ART. **223.** — Ni sous le prétexte que, tant que la commune n'a pas de plan d'alignement, les riverains des rues, places, etc., peuvent faire sur leurs propriétés tous les travaux qui leur conviennent, pourvu qu'ils n'empiètent pas sur la voie publique. (*Cass., 20 juil. 1833, Lapeyre ; 14 avril 1848, Vᵉ Levat; 19 fév. 1858, Vᵉ de la Tuollays.*)

ART. **224.** — Ni sous le prétexte que le Maire n'a adressé aucune injonction au contrevenant, ou que celui-ci a suspendu ses travaux dès qu'il en a reçu l'ordre. (*Cass., 19 août 1841, Lieutard et Romey ; 3 avril 1846, Dupré.*)

ART. **225.** — Ni sous le prétexte que le bâtiment élevé sans permission est sur l'alignement que le Maire aurait donné s'il eût été demandé, ou que la construction indûment réparée se trouve aussi sur l'alignement. (*Cass., 9 fév. 1833, Courtet; 14 fév. 1845, Maupérin-Tondeur.*)

ART. **226.** — Ni sous le prétexte que, en opérant à son habitation l'exhaussement qui donne lieu à la poursuite dirigée contre lui, le prévenu s'est abstenu de toucher aux fondations et au rez-de-chaussée. (*Cass., 8 fév. 1845, Vallée.*)

ART. **227.** — Ni sous le prétexte qu'il n'a fait que rentrer sur son propre terrain un des angles de sa maison ; que la nouvelle construction a augmenté et non diminué la largeur de la voie publique et que, si elle est en arrière de l'alignement, ce n'est que de quelques centimètres. (*Cass., 15 oct. 1834, Martin; 6 août 1836, Joannès; 17 juil. 1857, Just-Long.*)

ART. **228.** — Ni sous le prétexte que le travail qui a motivé la plainte n'est que temporaire ou provisoire, et que le prévenu s'est engagé à l'enlever dans un délai déterminé. (*Cass., 11 mars 1830, Pernet ; 30 mai 1833, Vᵉ Challemaison.*)

ART. **229.** — Ni sous le prétexte qu'il a été exécuté par l'ordre d'un locataire et à l'insu du propriétaire. (*Cass., 22 fév. 1844, François.*)

ART. **230.** — Ni sous le prétexte, lorsque le bâtiment est sujet à retranchement, que la façade à laquelle la réparation a été effectuée donne sur la cour et non sur la rue. (*Cass.*, *22 mars 1845, Morgan de Maricourt*)

ART. **231**. — Ni sous le prétexte que l'opération qualifiée de crépissage consiste seulement dans le fait d'avoir jeté çà et là quelques truellées de mortier. (*Cass.*, *1er déc. 1842, Ve Favre.*)

ART. **232**. — Ni sous le prétexte que, à raison de la grossièreté de l'ouvrage, ou de sa nature non confortative, ou de la solidité de la construction à laquelle il a été fait, la durée de celle-ci ne sera nullement prolongée. (*Cass.*, *16 avril 1836, Tournaire; 1er déc. 1842, Dugué; 26 août 1843, Duplessis; 8 août 1856, Fallot; 23 nov. 1860, Béléguie.*)

ART. **233**. — Ni sous le prétexte que, loin de conforter le mur de face, les travaux indûment exécutés tendent au contraire à en diminuer la solidité et à en accélérer la ruine. (*Cass.*, *16 nov. 1832, Laclaverie; 4 janv. 1839, Bertin; 7 mars 1857, Bruno-Nicolas.*)

ART. **234**. — Ni sous le prétexte qu'ils avaient été rendus nécessaires par la malveillance, ou qu'ils étaient la conséquence obligée de ceux que le Maire avait autorisés. (*Cass.*, *16 avril 1836, Delafosse; 2 août 1839, Léger-Haas; 21 mars 1846, Bouchard.*)

ART. **235**. — Ni sous le prétexte que la maison avait été mise en péril, soit par l'ouverture d'une baie pratiquée dans la façade, soit par la démolition d'une maison contiguë, et que l'administration, n'ayant fait aucune disposition pour l'acquérir, ne pouvait empêcher de la consolider. (*Cass.*, *15 avril 1837, Chaumereau; 4 janv. 1849, Sanitas.*)

Art. **236**. — Ni sous le prétexte que, bien qu'une maison soit en saillie, l'expropriation peut seule enlever au propriétaire le droit de la réparer et surtout celui de rétablir dans son premier état la partie qu'un incendie a détruite. (*Cass.*, *23 août 1839, Maury; 23 septembre 1843, Jacquemin.*)

ART. **237**. — Ni sous le prétexte que le règlement municipal qui interdit de faire, sans autorisation, aucun ouvrage de nature à consolider, conserver ou soutenir la façade des maisons en saillie, ne s'applique pas à la reconstruction d'une jambe étrière, ou qu'en défendant de reconstruire les escaliers qui existent sur la voie publique, ce règlement ne comprend pas le remplacement d'une marche en bois par une marche en pierre. (*Cass.*, *8 août 1833, Challine; 23 sept. 1836, Ventrillon.*)

ART. **238**. — Ni sous le prétexte que pratiquer dans un mur de face des ouvertures en forme de meurtrières et placer une barre de fer au milieu de chacune d'elles, n'est pas une contravention, le fait ne constituant ni une construction nouvelle ni une réparation. (*Cass.*, *28 août 1835, Kœchlin-Dollfus.*)

Art. **239**. — Ni sous le prétexte que, en reconstruisant un ouvrage en saillie qu'il avait été obligé de démolir pour pouvoir faire un autre ouvrage, l'inculpé a simplement rétabli l'état de choses modifié momentanément par lui, avec l'intention de le conserver. (*Cass.*, *10 sept. 1857, Laserre.*)

Art. **240**. — Les tribunaux de répression n'ont point à s'occuper de la question intentionnelle. Ils ne peuvent donc relaxer le prévenu en admettant sa bonne foi, fondée sur ce qu'il ne croyait pas une permission nécessaire pour de simples travaux d'embellissement et de propreté ; sur ce qu'il n'a fait que se conformer à l'usage suivi dans la commune ; sur ce que des voisins ont exécuté, sans être inquiétés, les mêmes ouvrages que ceux pour lesquels il est poursuivi ; sur ce qu'il savait que l'autorisation de réparer n'aurait pu être refusée, son mur étant à l'alignement, etc. (*Cas.*, *12 sept. 1835*, Ve *Marbeau* ; *17 déc. 1836*, Ve *Goujon de Cérisay* ; *20 sept. 1839, Régis* ; *19 juil. 1845, Lebret* ; *12 nov. 1859, Paradis.*)

Art. **241**. — L'acquittement ne peut non plus être prononcé sous le prétexte, si la nouvelle construction se trouve mal plantée, que l'inculpé a pu être induit en erreur par les jalons que l'agent voyer communal avait posés pour tracer l'alignement. (*Cass.*, *4 août 1853, Langlois.*)

Art. **242**. — Lorsqu'un règlement municipal oblige les architectes, maçons et charpentiers à ne mettre la main à l'œuvre qu'après s'être assurés que le propriétaire est en règle, le juge ne peut acquitter les contrevenants sous le prétexte que cette défense est illégale ; qu'elle porte atteinte au droit de chaque citoyen d'exercer librement sa profession ; que, hors le cas où l'intention de nuire est évidente, l'ouvrier n'est pas autorisé à vérifier si le maître a le droit d'entreprendre le travail auquel il l'emploie, et que son seul devoir est de lui obéir. (*Cass.*, *13 juin 1835, Schmaltzer et Schœn* ; *12 nov. 1840, Petitjour* ; *17 déc. 1840, Minot.*)

Art. **243**. — L'entrepreneur qui a violé un pareil règlement ne peut non plus être relaxé sous le prétexte qu'il n'a agi que d'après la commande et l'ordre exprès du propriétaire, et que celui-ci a pris fait et cause pour lui. (*Cass.*, *6 août 1836, Imbert.*)

Art. **244**. — L'acquéreur d'un immeuble sur lequel ont été élevées par le précédent propriétaire des constructions contraires à l'alignement ou empiétant sur la voie publique, ne peut être poursuivi pour cette double contravention s'il y est resté étranger. (*Cass.*, *11 juil. 1857, Chatard.*)

Art. **245.** — Aussitôt qu'une contravention lui est signalée, le Maire, indépendamment du procès-verbal qu'il en dresse ou fait dresser, doit prendre un arrêté portant injonction de suspendre les travaux et même de les démolir. (*Cass., 12 avril 1822, Collinet; Arrêts, Cons. d'Etat. 30 juil. 1817, Aumeunier; 13 juil. 1828, Jullien.*)

Art. **246.** — Il ne commet aucun excès de pouvoir en ne distinguant pas, dans son arrêté, les ouvrages qui sont confortatifs de ceux qui ne le sont pas. (*Arrêt, Cons. d'Etat, 21 juil. 1858, Piquet.*)

Art. **247.** — Néanmoins, l'injonction n'étant exigée par aucune loi, les travaux exécutés en violation des règlements constituent, par le fait seul de leur existence, une contravention que le juge doit réprimer, bien que le délinquant n'ait pas reçu sommation de les détruire. (*Cass., 19 juil. 1838, Vᵉ Luickz.*)

Art. **248.** — Dans tous les cas, l'injonction du Maire n'a d'autre valeur que celle d'une simple mise en demeure, et la démolition ne peut être opérée d'office qu'après avoir été ordonnée par le juge. (*Avis, Cons. d'Etat, 29 oct. et 10 déc. 1823; Cass., 26 avril 1834, Vᵉ Pihan.*)

§ 8. — De la démolition.

Art. **249.** — La loi fait un devoir aux tribunaux de police non-seulement de prononcer sur les peines encourues, mais encore de statuer, par le même jugement, sur les demandes en restitution et en dommages-intérêts. (*Code Inst. crim., art. 161; Cass., 4 juil. 1828, Fadin et Tellié; 27 mars 1835, Hellot.*)

Art. **250.** — En matière de petite voirie, les dommages résident évidemment dans l'existence des travaux exécutés au mépris des règlements. (*Cass., 29 janv. 1836, Besins; 21 mars 1851, Quillet; 26 juin 1851, Auroy.*)

Art. **251.** — L'obligation d'ordonner la démolition de ces travaux est dès lors une conséquence nécessaire et inséparable de la reconnaissance et de la répression de la contravention. La démolition constitue même la seule réparation qui puisse être poursuivie dans les affaires de cette nature. (*Cass., 2 déc. 1825, Lhuillier; 7 oct. 1831, Blin; 22 juil. 1837, Tirel; 2 fév. 1861, Marin.*)

Art. **252.** — L'édit du mois de décembre 1607 en porte la disposition formelle, puisqu'il répute *besogne mal plantée* tout travail entrepris sans permission, ou effectué contrairement aux conditions de l'autorisation, et veut *qu'elle soit abattue.* (*Cass., 30 janv. 1836, Vignaud; 19 sept. 1845, Weyer; 12 sept. 1846, Perrin.*)

Art. **253.** — Infliger une peine pécuniaire, sans prescrire en même temps la démolition, serait, en effet, consacrer l'existence des ouvrages constitutifs d'une contravention reconnue et punie, perpétuer la contravention elle-même, et manquer ainsi à la disposition la plus essentielle de la loi pénale. (*Cass., 26 mars 1830, Baudin ; 20 sept. 1845, Michelini.*)

Art. **254.** — Si, moyennant une légère amende, on laissait subsister les travaux indûment faits, si l'on conservait ainsi à leurs auteurs le fruit d'une violation coupable des prescriptions destinées à maintenir la sûreté ainsi que la salubrité des voies publiques, et à assurer, avec le temps, la décoration des cités, les règlements de voirie, comme les lois qui les protégent de toute leur autorité, seraient aussi impuissants que dérisoires, et il en résulterait l'anarchie la plus complète dans cette partie importante de l'administration. (*Cass., 18 sept. 1828, Jacquemot; 8 janv. 1830, Bourgeois; 6 oct. 1832, Gaspard-Mazères.*)

Art. **255.** — Le jugement qui condamne à l'amende à raison d'un fait dont il laisse subsister la trace présente d'ailleurs une contradiction en maintenant la contravention qu'il réprime. (*Cass., 10 sept. 1831, Garaud; 17 fév. 1832, Bertrand-Saulé ; 24 janv. 1834, Déchelle.*)

Art. **256.** — L'amende étant prononcée dans l'intérêt de la vindicte publique et la démolition à titre de réparation civile, l'auteur de la contravention est seul passible de l'amende, mais la démolition doit être poursuivie contre le détenteur de l'immeuble, n'en fût-il devenu propriétaire que depuis le jugement. (*Arrêts, Cons. d'Etat, 5 déc. 1839, de Loustal; 14 fév. 1861, Delarivière et Martin.*)

Art. **257.** — Comme la compétence des tribunaux de police se détermine par la quotité de l'amende et non par la valeur des dommages-intérêts qui peuvent suivre la condamnation, quelle que soit pour le condamné la perte résultant de la démolition, celle-ci, quand elle est requise, peut toujours être prononcée par ces tribunaux. (*Cass., 27 juil. 1827, Delême.*)

Art. **258.** — Si la contravention consiste dans la réparation ou l'exhaussement d'un bâtiment grevé, en tout ou en partie, de la servitude de retranchement, le nouvel œuvre constitue *la besogne mal plantée* que proscrit l'édit de 1607. La destruction de ce nouvel œuvre peut seule faire cesser le préjudice causé à l'intérêt général et éviter à la commune le surcroît de dépense qu'entraînerait l'expropriation d'un immeuble dont la valeur aurait été augmentée. (*Cass., 6 août 1852, Romagné; 12 juil. 1855, Romagny; 17 nov. 1859, Marchand et Prévost.*)

Art. **259.** — Il en est de même si le nouvel œuvre, quel qu'il soit, est établi sur un terrain joignant la voie publique et destiné à en faire un jour partie, et, à plus forte raison, lorsque le constructeur a empiété sur le domaine communal. (*Cass.*, *13 juil. 1838, Deguerre et Dugendre ; 27 août 1853, Pont ; 18 janv. 1856, Tattegrain ; 14 août 1858, Long.*)

Art. **260.** — Enfin, l'obligation d'observer rigoureusement l'alignement touchant à des intérêts sérieux de voirie, l'établissement ou la réparation d'une construction en retraite, constitue également *la besogne mal plantée* dont, aux termes du même édit, la suppression doit être exigée. (*Cass., 25 août 1853. Hardy ; 18 fév. 1860, Pillas.*)

Art. **261.** — Toutefois, comme la démolition n'a sa raison d'être, à cause de son caractère de réparation civile, que dans le fait nécessaire d'un dommage préexistant, il n'y a pas lieu de l'ordonner lorsque l'opération entreprise sans autorisation ne nuit pas à la voie publique et ne porte aucun préjudice à la commune. (*Cass., 23 avril 1859, Courboin et Godard.*)

Art. **262.** — Si, par exemple, la maison construite ou restaurée se trouve sur l'alignement, ou si, quand elle est sujette à retranchement, l'autorité administrative a déclaré que les travaux qui y ont été faits n'ont pas pour résultat d'en prolonger la durée, ou si l'ouvrage qui a été établi sur la façade d'un bâtiment est dans les conditions du règlement municipal relatif aux saillies, l'amende seule doit être prononcée. (*Cass., 8 déc. 1849, Jemain ; 30 juin 1853, Bucheron ; 18 nov. 1853, Despéroux ; 28 juil. 1854, Touillet ; 24 déc. 1859, de Rancourt.*)

Art. **263.** — Mais si l'entreprise qui fait l'objet de la contravention n'était pas de nature à être autorisée, si elle a été effectuée contrairement à l'alignement ou sans l'observation des prescriptions contenues dans un règlement municipal, si l'exécution en a été poursuivie malgré les défenses expresses du Maire, ou enfin si elle est préjudiciable au public, il y a lieu de faire démolir. (*Cass., 29 déc. 1820, Siadous ; 17 juin 1830, Dufresne ; 18 août 1836, Pontier ; 2 mars 1844, Signoret ; 3 déc. 1847, Parant ; 11 janv. 1850, Mancel ; 14 oct. 1852, Bélin ; 8 déc. 1860, Havet.*)

Art. **264.** — Lors donc que, dans les cas spécifiés ci-dessus, la contravention est déclarée constante, le juge de police ne peut, en même temps qu'il prononce la peine de l'amende, se dispenser de condamner à la démolition, par le motif que la commune n'est pourvue d'aucun plan d'alignement et que celui de la rue où la contravention a été commise n'est encore qu'à l'état de projet. (*Cass., 10 oct. 1832, Ve Bonnaud, 21 mai 1842, Perraud ; 6 avril 1854, Blondel*) (1).

---

(1) Lorsque la rue n'est pourvue d'aucun plan d'alignement, ou que ce plan n'est encore qu'à l'état de projet, la démolition ne paraît pas devoir être prononcée, par la raison que, dans ce cas, la construction, sur laquelle

Art. **265.** — Ni par le motif que la démolition n'est pas comprise au nombre des peines prononcées par la loi ou qu'elle n'a pas été expressément requise par le ministère public. (*Cass., 30 mai 1834, Bellencontre; 1er juin 1839, Magny; 22 nov. 1860, Pagès.*)

Art. **266.** — Ni par le motif, s'il s'agit d'une construction neuve, que, dans l'espèce, elle enlève une retraite à l'immoralité et que, loin de nuire à la voie publique, elle y protége les mœurs. (*Cass., 5 sept. 1835, Conannier.*)

Art. **267.** — Ou que le Maire a eu connaissance des travaux bien avant qu'ils fussent achevés et n'est point intervenu pour fixer l'alignement à suivre. (*Cass., 24 janv. 1834, Brunet et Boué.*)

Art. **268.** — Ou que rien ne prouve que la construction soit hors de l'alignement et que d'ailleurs le prévenu n'a pas reçu sommation de la détruire. (*Cass., 27 sept. 1832, Vᵉ Massu.*)

Art. **269.** — Ou que, si elle se trouve mal plantée, c'est la faute du Maire, qui n'a déterminé, par un arrêté, qu'au moment où les travaux touchaient à leur fin, l'alignement qu'il avait d'abord donné verbalement. (*Cass., 20 juin 1834, Vautrin.*)

Art. **270.** — Le juge commet d'ailleurs un excès de pouvoir lorsque, pour ne pas ordonner la démolition, il déclare qu'elle ne paraît ni urgente ni indispensable; qu'elle n'aurait aucun résultat utile pour la commune; que celle-ci est même intéressée à la conservation des travaux, qu'il serait d'ailleurs impossible de remettre les lieux dans leur premier état. (*Cass., 23 fév. 1839, Savoie; 11 janv. 1840, Battut; 14 fév. 1845, Rimbaud.*)

Art. **271.** — Ou bien, quand il prononce que les travaux, que l'on reproche au prévenu d'avoir exécutés sans autorisation, se rattachaient essentiellement à ceux pour lesquels il avait obtenu une permission. (*Cass., 13 août 1841, Briol.*)

Art. **272.** — Ou bien encore, lorsqu'il décide qu'ils ne constituent que de simples travaux d'embellissement, ou qu'ils sont sans importance et même insignifiants relativement à la plus-value de l'immeuble; que rien ne démontre qu'ils soient de nature à prolonger la durée de la construction, et particu-

---

des ouvrages auraient été exécutés sans autorisation, ne peut être assujettie à la servitude de reculement, et que, dès lors, elle doit jouir des avantages des constructions alignées, qui peuvent toujours être réparées ou exhaussées, sans autre condition pour les propriétaires que d'en demander la permission au maire. (Voir *supra* la note indiquant les changements apportés à la jurisprudence établie par les articles 61 et suivants.)

lièrement celle du mur de face; qu'ils paraissent au contraire n'être pas confortatifs et avoir même pour effet de diminuer la solidité de ce mur. (*Cass., 7 août 1829, Sellier; 17 nov. 1831, Lacomme; 11 août 1837, Morlière; 24 juil. 1838, Delacroix; 4 août 1838, Bidau; 4 janv. 1840, Thibault; 25 juin 1841, Barbery; 25 juin 1842, Vᵉ Bataille; 15 sept. 1843, Bories; 30 août 1855, Andoque; 2 mai 1856, Giacobbi; 23 août 1860, Rateau.*)

Art. 273. — Ou enfin, quand il prétend, s'ils consistent dans l'exhaussement d'un édifice, que cette opération a été exécutée avec toute la solidité convenable et présente toutes les garanties désirables pour la sûreté publique, que d'ailleurs elle ne peut être considérée comme un nouvel œuvre, et que, dans tous les cas, elle n'est pas confortative de sa nature. (*Cass., 6 fév. 1841, Girard; 12 juil. 1855, Lormaud.*)

Art. 274. — Lorsque la construction réparée ou édifiée se trouve en arrière de l'alignement, le juge ne doit pas non plus s'abstenir de prononcer la démolition sur le motif, dans le premier cas, que le prévenu a pu croire qu'une autorisation n'était pas nécessaire, et, dans le second cas, qu'il y a lieu seulement de prescrire, par voie administrative, la clôture de l'enfoncement irrégulier. (*Cass., 5 mars 1842, Vᵉ Taburet-Chevalerie; 21 juin 1844, Olivary.*)

Art. 275. — Il ne peut également se dispenser d'ordonner la suppression de marches indûment établies, par le motif que la saillie n'en excède pas celle des autres marches qui existent déjà dans la rue, et que, si la permission de les poser eût été demandée, elle aurait été accordée sans difficulté. (*Cass., 12 août 1841, Gabaud et Malignon.*)

Art. 276. — Le juge ne peut d'ailleurs surseoir à prononcer la démolition jusqu'à ce que l'administration supérieure ait approuvé le projet d'alignement suivant lequel la construction réparée se trouve en saillie. (*Cass., 3 août 1838, Saint-Paul*) (1).

Art. 277. — Ni jusqu'à ce que des experts chargés par lui de vérifier si les travaux sont réellement confortatifs aient fait leur rapport. (*Cass., 18 septembre 1835, Gagniard; 20 avril 1843, Vène; 1ᵉʳ juil. 1843, Harel.*)

Art. 278. — Ni jusqu'à ce qu'il ait été statué sur le pourvoi que le prévenu a formé, ou se propose de former contre l'arrêté qui lui a fixé l'alignement, ou enjoint de supprimer les

---

(1) Cette jurisprudence est complétement changée (voir plus haut la note concernant l'article 264). Dans l'espèce, il n'y a donc pas lieu de prononcer la démolition.

ouvrages indûment exécutés. (*Cass.*, *26 sept. 1834, Bézins;
7 nov. 1844, Brassat; 3 mai 1850, Rocher.*)

Art. **279**. — Il ne peut non plus décider, sans se contre-
dire lui-même, que le prévenu qu'il condamne à l'amende pour
n'avoir pas suivi l'alignement donné par le Maire, ne sera tenu
d'observer cet alignement qu'autant qu'il lui aura été légale-
ment notifié et qu'il ne l'aura pas fait réformer par l'autorité
supérieure. (*Cass.*, *15 mai 1835, Loye.*)

Art. **280**. — Si, en condamnant un individu à l'amende
pour avoir établi sans autorisation un ouvrage en saillie, le tribunal omet de prononcer la démolition, le Maire n'a pas moins
le droit d'ordonner la suppression de la saillie. La désobéissance à l'arrêté municipal constituerait une nouvelle contravention, et le propriétaire qui s'en rendrait coupable ne pourrait être acquitté par application de la maxime *non bis in idem.*
(*Cass.*, *17 août 1843, Guillon.*)

Art. **281**. — La démolition, lorsqu'elle est prescrite par le
juge, doit toujours comprendre la totalité et non pas seule-
ment une partie du nouvel œuvre. (*Cass.*, *29 août 1835,
Loyau-Pillarault; 6 août 1836, Beauchaine; 20 juil. 1839,
Bertrand; 12 mai 1843, Dupont; 29 août 1856, Champion-
Cochart.*)

Art. **282**. — Mais elle ne peut être étendue au delà. Si,
par exemple, un mur en saillie a été exhaussé sans autorisation, c'est la partie en surélévation et non l'ancien mur qui
lui sert de base qui doit être démolie. (*Cass.*, *4 déc. 1856,
Couasnon.*)

Art. **283**. — La démolition ayant le caractère d'une réparation civile et non d'une peine, il n'y a pas lieu d'insérer dans
le jugement le texte de la loi qui l'ordonne. (*Code, Inst. crim.,
art. 163; Cass., 24 mars 1860, Lalanne.*)

Art. **284**. — Le juge, en statuant sur une contravention
de voirie urbaine, épuise sa juridiction relativement aux faits
antérieurs, en sorte que, s'il a omis de prononcer la démolition, même par inadvertance, le ministère public ne peut plus
la lui demander par une action nouvelle. (*Cass.*, *19 fév. 1859,
Douin.*)

Art. **285**. — Comme il n'appartient qu'à l'autorité municipale, soit de prescrire tout ce qu'exigent la sûreté et la commodité du passage, soit de faire exécuter les condamnations
prononcées à cet égard par les tribunaux de police, le juge de
répression ne peut s'attribuer le droit d'accorder un sursis au
contrevenant pour effectuer la démolition. (*Cass.*, *18 déc. 1840,
Brun.*)

Art. **286**. — Il ne pourrait donc pas décider qu'elle n'aura lieu que lorsqu'il sera procédé à l'élargissement de la rue, suivant le plan qui en a été arrêté. (*Cass., 18 fév. 1860, Chapeaurouge.*)

ART. 287. — Il peut seulement fixer un délai après lequel l'administration aura la faculté d'agir d'office, si le contrevenant est resté dans l'inaction ; mais ce délai ne doit être que celui présumé nécessaire pour opérer la démolition. (*Cass., 8 juil. 1843, Martin et Bonnefoy.*)

ART. 288. — Autrement, les tribunaux de police pourraient journellement empiéter sur les attributions de l'autorité administrative, s'immiscer dans l'appréciation des mesures qui lui sont exclusivement confiées, en contrarier et en paralyser les effets. (*Cass., 18 déc. 1840, Vᵉ Barbier.*)

ART. 289. — Le Maire peut, d'ailleurs, si l'intérêt public paraît l'exiger, contraindre le contrevenant à effectuer la démolition dans un délai plus court que celui fixé par le juge. (*Cass., 15 sept. 1825, Sauer.*)

ART. 290. — Lorsque, après l'expiration du délai d'appel, le délinquant laisse sans exécution le jugement qui l'a condamné à démolir, le Maire y fait procéder d'office par les ouvriers qu'il a requis. La commune avance les frais faits à ce sujet, et le receveur municipal en poursuit le recouvrement, suivant l'état dressé par le Maire et rendu exécutoire par le visa du Sous-Préfet. (*Loi, 18 juil. 1837, art. 40 et 63.*)

ART. 291. — Quand bien même la démolition des travaux indûment exécutés aurait pour conséquence la chute du bâtiment, elle n'en doit pas moins être effectuée, lorsqu'elle a été ordonnée, sauf au Maire à faire poser provisoirement quelques étais et à procéder ensuite comme dans le cas de péril imminent. (*Avis, Cons. d'Etat, 2 fév. 1825, ville de Bordeaux.*)

ART. 292. — Il est de principe que l'acte du souverain qui remet les peines de simple police n'enlève pas aux particuliers, communes et établissements publics, leurs droits aux dommages-intérêts qui peuvent leur être alloués par les tribunaux. Dès lors, l'amnistie n'est pas applicable au chef de l'action du ministère public relatif à la démolition. Celle-ci doit, s'il y a lieu, être prononcée quand même. (*Cass., 29 avril 1831, Vasseur.*)

ART. 293. — L'administration a le droit d'apprécier s'il peut être apporté quelque adoucissement aux mesures prescrites par l'autorité du juge. En conséquence, lorsque l'intérêt public ne doit pas en souffrir, le Maire peut, avec l'assentiment du Préfet, tolérer l'existence des travaux indûment exécutés, ou accorder un sursis conditionnel au contrevenant pour en opérer la démolition. (*Décis., Min. Int., Seine, 10 nov.*

1837, Fabien, et 25 mars 1842, Oudart ; Cass., 18 fév. 1860, Thibault.)

ART. 294. — Il doit surtout user de cette faculté, lorsque le rétablissement des lieux dans leur premier état, ou même le reculement d'une construction en saillie, n'aurait aucun avantage immédiat pour la circulation, ou bien encore lorsque, en construisant en arrière de l'alignement, un propriétaire s'est proposé d'orner la façade de sa maison au moyen d'une décoration architecturale ou de lui donner un certain aspect.

ART. 295. — Le sursis doit faire l'objet d'un acte administratif qui est transcrit au bureau des hypothèques, afin que, si l'immeuble passe en d'autres mains, le nouveau détenteur n'en puisse prétendre cause d'ignorance.

Dans le cas d'ailleurs où l'intérêt public viendrait à l'exiger, l'administration pourrait toujours faire cesser la tolérance dont elle aurait usé envers le contrevenant ; elle serait également en droit de rapporter la décision qui aurait suspendu l'exécution du jugement, si les conditions du sursis n'étaient pas remplies.

§ 9. — *Des questions préjudicielles.*

ART. 296. — Lorsque le prévenu articule un fait dont la preuve ferait disparaître la contravention, ou pourrait modifier la décision de la question principale soumise au juge de police, il soulève une question qu'on appelle préjudicielle. Jusqu'à ce que celle-ci ait été résolue, la question principale doit rester suspendue. (*Code forest., art. 182.*)

ART. 297. — Ce principe est général et absolu, et bien qu'il n'ait été rappelé que dans une loi spéciale, il régit et limite la compétence de tous les tribunaux de répression. (*Cass., 12 janv. 1856, Vᵉ Blaise.*)

ART. 298. — Ainsi, l'individu poursuivi pour n'avoir pas observé les prescriptions de l'autorisation qui lui a été accordée soulève une question préjudicielle lorsqu'il soutient, au contraire, qu'il ne s'en est pas écarté, et comme l'autorité judiciaire ne peut, sous aucun prétexte, connaître des actes de l'administration, le tribunal de police doit surseoir à statuer au fond jusqu'à ce que cette dernière ait prononcé sur la question préjudicielle. (*Lois, 16-24 août 1790, tit. II, art. 13, et 16 fruct. an III; Cass., 6 octob. 1832, Facquer; 8 octob. 1842, Broustet; 7 mars 1844, Tuillé; 9 mai 1844, Forneret; 13 fév. 1845, Marin-Grégoire; 6 janvier 1853, Filiatre; 1ᵉʳ février 1856, Sauvaire-Jourdan.*)

ART. 299. — Il en est de même lorsque la prévention

résulte de ce que l'alignement donné par le Maire n'aurait pas
été suivi, et que l'inculpé objecte que cet alignement n'est pas
conforme au plan approuvé par l'autorité compétente. (*Cass.*,
27 déc. 1839, Lecompte.)

ART. **300**. — Ou si, étant accusé d'avoir, sans autorisation,
élevé ou réparé une construction, il excipe de ce que le terrain
sur lequel elle est située ne joint pas la voie publique actuelle.
(*Cass., 7 nov. 1844, Baldit.*)

ART. **301**. — Ou bien encore quand, la citation ayant eu
lieu pour le même fait, il y a doute sur le point de savoir si
la construction est hors de l'alignement. (*Cass., 27 déc. 1856,
Soret; 20 août 1858, Simonel; 24 déc. 1859, de Rancourt;
18 août 1860, Chavanel; 23 août 1860, Ve Martin; 25 janv.
1861, Caldier.*)

ART. **302**. — Ou enfin, lorsque l'inculpé prétend que, bien
que cette construction ne soit pas sur l'alignement, les travaux
qu'il y a faits ne sont nullement confortatifs. (*Cass., 17 fév.
1837, Bossis et consorts; 5 octob. 1837, Ve Caillot; 2 déc.
1837, Riquier; 27 juil. 1860, Bernard et Deschamps.*)

ART. **303**. — En général, toutes les fois que le ministère
public et le prévenu de contravention à un arrêté municipal
sont divisés sur l'interprétation de cet arrêté, il n'appartient
qu'à l'autorité administrative d'en fixer le sens et la portée.
(*Cass., 5 mars 1842, Lemasson-Morinière; 2 oct. 1852, Langlois;
14 juil. 1860, Tonnelier.*)

ART. **304**. — Lorsque la poursuite a pour motif, soit un
empiétement commis sur la voie publique, soit la suppression d'un passage conduisant à un établissement public, le
prévenu, s'il oppose l'exception de propriété ou de possession
immémoriale du terrain litigieux, soulève aussi une question
préjudicielle; mais celle-ci est par sa nature de la compétence
exclusive des tribunaux civils. (*Cass., 11 nov. 1831, Coppin;
27 sept. 1833, Mary; 23 janv. 1836, Ch. réun., Chandesais;
24 nov. 1859, Vicq.*)

ART. **305**. — Dans ce dernier cas, le tribunal de police ne
peut admettre l'exception proposée qu'en déclarant qu'elle lui
paraît fondée sur un titre apparent ou sur des faits de possession équivalents, personnels au prévenu et par lui articulés
avec précision. Si l'allégation ne lui semble pas avoir un caractère suffisant de vraisemblance, il doit passer outre au jugement de l'action. (*Code forest., art. 182; Cass., 18 déc. 1840,
Rey; 14 juil. 1860, Fontaine.*)

ART. **306**. — Il doit en faire autant, lorsque la quesiton
soulevée ne peut exercer aucune influence sur le litige
qui lui est soumis. Ainsi, la circonstance qu'un individu prévenu d'avoir construit le long de la voie publique, sans en

avoir demandé la permission ou sans s'être conformé à l'alignement qui lui avait été fixé, serait propriétaire du terrain sur lequel il a bâti, ne peut donner lieu à une question préjudicielle de nature à motiver un sursis, puisque, lors même que le terrain lui appartiendrait, il n'aurait pas moins commis une contravention. (*Cass., 19 déc. 1828, Voisin; 26 mars 1836, Morichon; 2 déc. 1841, Durazzo; 28 juin 1844, Corneille; 14 août 1858, Long; 13 juil. 1861, Chicard.*)

Art. **307.** — Il offrirait en vain de prouver que les nouvelles constructions reposent sur l'emplacement des anciennes et que l'existence de celles-ci remontait à plus de trente ans; le fait, fût-il établi, n'autorisait pas à se passer d'une autorisation. (*Cass., 19 mars 1835, Blaise-Barron.*)

Art. **308.** — Il en serait de même si, par ses constructions ou autrement, cet individu avait intercepté une rue, une impasse ou un passage livré depuis longtemps à la circulation. En effet, nul ne peut se faire justice à soi-même; il n'est pas permis de s'approprier les choses dont le public a la jouissance sous le prétexte qu'on peut être fondé à en revendiquer la propriété. (*Cass., 4 août 1837, Paté; 29 nov. 1844, Farjon; 25 fév. 1858, Fidelin.*)

Art. **309.** — L'exception de propriété ne serait pas non plus susceptible de retarder la répression d'une contravention commise dans une rue dont le plan d'alignement aurait été approuvé par l'autorité compétente; les prétentions de l'inculpé, si elles étaient admises, devant dans ce cas se résoudre en une indemnité. (*Voir n° 122*) (1).

Art. **310.** — Le prévenu de contravention à un arrêté municipal défendant d'étaler des marchandises le long des boutiques dépourvues de devantures, qui alléguerait son titre de propriétaire du sol, ne soulèverait pas non plus une question préjudicielle, attendu que, tant qu'un terrain est livré à la circulation, il est nécessairement soumis aux mesures de police et de vigilance applicables à toute voie publique. (*Cass., 5 février 1844, Ch. réun., Mellinet.*)

Art. **311.** — Le juge doit également statuer immédiatement sur la contravention résultant de ce qu'un propriétaire a exécuté à un bâtiment situé hors de l'alignement des travaux que le Maire avait expressément refusé d'autoriser. Il n'y a pas lieu dans ce cas, de faire préalablement décider si ces travaux sont ou non confortatifs. (*Cass., 6 mars 1845, Corlay; 4 mai 1848, Moleur.*)

(1) Voir également la note insérée au sujet de la jurisprudence analysée dans le n° 122.

Art. 312. — Lorsqu'un particulier poursuivi pour ne s'être pas conformé à l'alignement qui lui avait été donné, ou pour avoir violé les défenses que le Maire lui avait faites, s'est pourvu près de l'administration supérieure afin de faire réformer l'arrêté municipal, il n'y a pas lieu non plus de surseoir, attendu que les actes de l'espèce étant exécutoires par provision, quand bien même celui qui fait l'objet du pourvoi serait réformé, l'infraction qui a eu lieu, au moment où il était obligatoire, n'en constituerait pas moins une contravention. (*Cass.*, *26 juil. 1827, Moulères; 21 fév. 1840, Dagar.*)

Art. 313. — Il ne faut pas confondre les moyens de défense dont l'appréciation appartient au juge de répression, avec les questions préjudicielles dont il doit laisser la solution à qui de droit. Ainsi, le tribunal de police doit décider lui-même si le fait d'avoir superposé des briques les unes sur les autres constitue une construction de mur sans mortier ni liaison, ou, comme le prétend le prévenu, un simple apport de matériaux. (*Cass., 25 mai 1848, Chauvel.*)

Art. 314. — Il est également compétent pour décider si le terrain attenant à un bâtiment auquel des travaux ont été exécutés sans autorisation, fait ou non partie de la voie publique. Effectivement, l'existence même de la voie publique est un fait que les tribunaux ordinaires doivent vérifier et reconnaître, d'après les principes du droit commun, sans qu'il y ait lieu d'en renvoyer, soit d'office, soit sur la demande des parties, l'examen à l'autorité administrative. (*Cass., 27 août 1853, Pont; Ch. civ., 4 août 1858, Gardin.*)

Art. 315. — Aucune loi n'a établi de délai à l'expiration duquel le prévenu qui a soulevé une question préjudicielle, et qui n'a point encore agi pour la faire résoudre par qui de droit, soit réputé avoir abandonné l'exception qui y a donné lieu. Cependant, comme l'ordre public ne permet pas que l'action pour la répression de la contravention reste indéfiniment suspendue, le tribunal, en prononçant le sursis, doit fixer lui-même le délai dont il s'agit. (*Cass., 10 août 1821, Bézuchet; 23 août 1822, Pavy; 15 fév. 1828, d'Aoust; 23 juil. 1830, Ressés; 23 août 1839, Borédon; 17 janv. 1840, Rouveure.*)

Art. 316. — Il ne peut se borner à renvoyer les parties à fins civiles, en laissant à la plus diligente le soin de saisir le juge compétent. Il doit, au contraire, mettre expressément à la charge du défendeur l'obligation de poursuivre la décision à intervenir. Cette obligation pèse exclusivement, en effet, sur celui qui a élevé la question préjudicielle. (*Code forest., art. 182; Cass., 21 mai 1829, Fougassié; 3 juin 1830, Rivière; 19 fév. 1858, Peytot; 11 avril 1861, Laquerrière.*)

Art. **317.** — Le juge de répression ne peut d'ailleurs, sans commettre un excès de pouvoir, assigner le délai dans lequel l'autorité compétente sera tenue de statuer. (*Cass., 19 oct. 1842, Delalonde; 7 mai 1851, Vayssaire.*)

Art. **318.** — Enfin, tant que la question préjudicielle n'est pas résolue, il ne doit ni absoudre, ni condamner, ni se dessaisir, puisque sa décision est nécessairement subordonnée au sort de l'exception renvoyée devant d'autres juges. (*Cass., 26 avril 1828, Védel; 9 mai 1828, Robert.*)

Art. **319.** — C'est donc à tort qu'il prononcerait immédiatement la peine de l'amende, en se réservant de prononcer plus tard, le cas échéant, la démolition des travaux. Il ne peut statuer par deux décisions distinctes sur une contravention unique. (*Cass., 28 sept. 1838, Chantale-Verrine; 13 déc. 1843, Pouget; 7 juil. 1860, Duplessis.*)

§ 10. — De la prescription.

Art. **320.** — L'action publique et l'action civile sont prescrites, pour une contravention de police, après une année révolue à compter du jour où elle a été commise, si, dans l'intervalle, il n'est pas intervenu de condamnation. (*Cod. Inst. crim. art. 640.*)

Art. **321.** — La demande en destruction de travaux indûment faits ayant le caractère d'une action civile, et une telle action n'étant qu'un accessoire de l'action publique, il s'ensuit que lorsque la peine de l'amende est prescrite, la démolition ne peut plus être prononcée. (*Cass., 10 juin 1843, Maussion; 12 déc. 1845, Noël.*)

Art. **322.** — La prescription, en cette matière, est d'ordre public; elle doit donc, si le prévenu ne la propose pas, être suppléée d'office par le juge. (*Cass., 28 nov. 1856, Vénèque.*)

Art. **323.** — La disposition législative qui l'a établie, étant générale et absolue, ne souffre aucune exception pour le cas où, soit à raison du respect dû au domicile, soit pour tout autre motif, la contravention, résultant de travaux exécutés clandestinement, n'aurait été connue que tardivement par le ministère public. (*Cass., 26 juin 1845, Canton; 25 mai 1850, Lamant; 10 janvier 1857, Satabin.*)

Art. **324.** — Les réparations effectuées au mépris d'un règlement municipal, bien que permanentes, ne peuvent être considérées comme le renouvellement continuel du même fait et être assimilées à un délit successif. Dès lors, la prescription est acquise à leur auteur, si elles remontent à plus d'une année.

4

On objecterait en vain, lorsque le bâtiment est en saillie, que le sol sur lequel elles ont eu lieu a été attribué par le plan d'alignement à la voie publique, et que la voie publique est imprescriptible. (*Cass.*, *23 mai 1835*, *Ve Fabre*; *2 juin 1854*, *Panaille et Portier*) (1).

Art. **325.** — Il en est de même d'une plantation de bornes et de l'établissement de tout autre objet en saillie. (*Cass.*, *17 fév. 1844, Marietton*; *28 avril 1859, Barthélemy*) (1).

Art. **326.** — La prescription peut aussi être opposée après une année révolue, même pour une construction élevée hors de l'alignement, attendu que la contravention a été consommée au moment où les travaux ont été achevés. (*Cass.*, *28 nov. 1856, Vénèque.*)

Art. **327.** — Le délai d'un an dans lequel il doit être définitivement statué, soit en première instance, soit en appel, ne peut être prorogé par aucun acte d'instruction, et par conséquent par le seul état de litispendance. (*Cass.*, *1er juil. 1837, Picot-Dagard.*)

Art. **328.** — Les arrêtés municipaux, en matière de voirie urbaine, devant recevoir leur exécution tant qu'ils n'ont pas été réformés par l'autorité administrative supérieure, et le recours à cette autorité ne formant pas un obstacle au jugement des tribunaux de répression, il en résulte qu'il ne peut interrompre la prescription. (*Cass.*, *1er juil. 1837, Picot-Dagard.*)

Art. **329.** — Comme on ne doit entendre par condamnation qu'un jugement émané d'un tribunal, et que l'arrêté par lequel un Maire ordonne la destruction de travaux faits en contravention n'a pas ce caractère, un pareil arrêté ne peut non plus interrompre la prescription. (*Cass.*, *15 mai 1835, Lalande-Bréard.*)

Art. **330.** — Au contraire, lorsqu'une question préjudicielle a été soulevée devant le tribunal et a nécessité de la part de celui-ci un renvoi devant l'autorité administrative ou la juridiction civile, la prescription reste suspendue jusqu'à la décision à laquelle est subordonné le jugement de l'action. En effet, l'article 640 du Code d'instruction criminelle ne déroge pas au principe du droit commun et de toute équité, suivant lequel la prescription ne court pas contre celui qui est empêché d'agir. (*Cass.*, *19 oct. 1842, Delalonde*; *7 mai 1851, Vayssaire.*)

Art. **331.** — Le même article ne déroge pas non plus au droit de recours que le ministère public tient de la loi. Dès lors si, avant l'expiration de l'année, il est intervenu un jugement

---

(1) Voir les n°s 337 et suivants.

qui renvoie le prévenu et qu'il y ait eu pourvoi en cassation contre ce jugement dans le délai légal, la prescription reste également suspendue ; s'il en était autrement, le recours serait illusoire. (*Cass., 21 oct. 1830, Gibert ; 16 juin 1836, Chandesais ; 3 déc. 1847, Parent.*)

ART. **332.** — Mais si, après l'appel ou le pourvoi, l'action n'a pas été exercée dans le délai d'un an, soit devant le tribunal correctionnel, soit devant la Cour de cassation, elle se trouve éteinte par la prescription. (*Cass., 19 juil. 1838, Poulenc et Bélières.*)

ART. **333.** — Quand des travaux forment un tout indivisible, la prescription ne peut utilement être invoquée pour la partie de ces travaux dont l'exécution remonte à plus d'une année, si l'autre partie n'était pas terminée depuis un an lors de la citation donnée au contrevenant. (*Cass., 4 déc. 1857, Dlle Guillemot.*)

ART. **334.** — Lorsque la prescription est admise, l'effet en est restreint à la poursuite de la contravention et ne porte aucune atteinte aux droits civils ou administratifs résultant soit de la propriété du sol, soit de son imprescriptibilité. (*Cass., 27 mars 1852, Bastard ; 28 nov. 1856, Vénèque.*)

ART. **335.** — En conséquence, si la construction qui fait l'objet de la contravention empiète sur la voie publique, le Maire peut toujours réclamer la restitution du terrain qui a été envahi. Toutefois, comme la revendication a pour base unique un droit purement civil, elle ne peut être poursuivie que devant la juridiction civile. Dès lors, l'arrêté portant injonction de rendre le terrain usurpé ne saurait, en cas d'inexécution, donner lieu à une condamnation en matière de police. (*Cass., 2 août 1856, Miraca.*)

ART. **336.** — De même, lorsqu'un Maire laisse subsister des travaux faits indûment à une maison en saillie, à condition qu'elle sera démolie dans un délai déterminé, il ne peut, dans le cas où cette condition ne serait pas remplie, déférer au tribunal de police la contravention résultant de l'exécution des travaux, si elle remonte à plus d'une année, attendu que la prescription n'a pas été détruite par l'effet de la transaction ; il ne peut non plus lui demander d'assurer l'exécution de cette transaction, les tribunaux de répression étant incompétents à ce sujet. (*Cass., 2 août 1856, Heurley.*)

ART. **337.** — S'il s'agit d'ouvrages placés en saillie sur la façade d'un bâtiment, qu'ils aient ou non été autorisés, leur existence n'étant que précaire et de pure tolérance et ne pouvant dès lors fonder ni possession ni prescription, le Maire a toujours le droit d'en exiger l'enlèvement, dès que l'intérêt de la circulation lui paraît réclamer cette mesure. Le principe de la non-rétroactivité des lois ne peut s'appliquer aux arrêtés qu'il prend à ce sujet. (*Code Nap.*, *art. 2226 et 2232*; *Cass.*, *4 juin 1830*, *Vᵉ Bury*; *30 juin 1836*, *Coppens*; *18 août 1847*, *Métreau*; *25 mai 1850*, *Lamant*; *17 nov. 1859*, *Beaugrand.*)

ART. 338. — Ce droit ne souffre aucune atteinte de ce que le particulier, poursuivi antérieurement pour avoir établi sans autorisation l'ouvrage en saillie, aurait été relaxé de l'action intentée contre lui, à cause de l'ancienneté de la construction. (*Cass.*, *11 sept. 1847*, *Pommeraye.*)

ART. 339. — Si le Maire use de ce même droit, et que son injonction reste sans effet, le juge de police doit réprimer la contravention qui résulte alors, non de l'établissement de la saillie, mais de la désobéissance à l'arrêté municipal qui en a prescrit l'enlèvement. (*Cass.*, *3 fév. 1844*, *Rivat-Madignier.*)

ART. 340. — L'arrêté par lequel un Maire ordonne la suppression de bornes placées en saillie le long et aux angles des maisons, étant pris dans les limites de ses pouvoirs, ne peut être déféré au Conseil d'État par la voie contentieuse; mais il ne fait pas obstacle à ce que les propriétaires riverains fassent valoir devant l'autorité compétente les droits qu'ils prétendraient résulter pour eux de la propriété du sol sur lequel ces bornes avaient été établies. (*Arrêts, Cons. d'État*, *7 janv. 1858*, *Arrachard et consorts*; *22 déc. 1859*, *Blanc.*)

TABLE

DES LOIS, ARRÊTS, ETC.,

AUXQUELS LA PRÉSENTE INSTRUCTION SE RÉFÈRE.

—————+>>✕<<+—————

4° AVIS DU CONSEIL D'ÉTAT.

SUPPLÉMENT

LOIS, ARRÊTS, DÉCRETS, ETC.,

CITÉS DANS LES NOTES INSÉRÉES A LA PRÉSENTE INSTRUCTION.

IMP. CENTRALE DES CHEMINS DE FER. — A. CHAIX ET Cⁱᵉ, RUE BERGÈRE, 20, A PARIS. — 13379-4.